新疆特色的轨道交通类专业教学体系研究课题成果

城市轨道交通机电技术专业培养方案及教学标准

主　编　叶剑锋　段明社

副主编　阿斯耶姆　刘焕海

主　审　徐　平［乌鲁木齐城市轨道集团有限公司］
　　　　　罗江红［新疆交通职业技术学院］

人民交通出版社股份有限公司
China Communications Press Co.,Ltd.

内 容 提 要

本书共包括六部分内容:第一部分为专业人才培养方案;第二部分为机电平台课程标准;第三部分为专业基础课程标准;第四部分为核心平台课程标准;第五部分为拓展平台课程标准;第六部分为综合实践平台课程标准。

本书突出职业教育特色,打造机电平台,重点培养学生岗位技能,融合德育贯穿全过程,可用于指导高等职业院校城市轨道交通机电技术专业人才培养方案的设计与课程开发,并可作为专业教材编写的重要依据。

图书在版编目(CIP)数据

城市轨道交通机电技术专业培养方案及教学标准 / 叶剑锋,段明社主编. —北京:人民交通出版社股份有限公司,2016.8

新疆特色的轨道交通类专业教学体系研究课题成果

ISBN 978-7-114-13230-8

Ⅰ.①城… Ⅱ.①叶… ②段… Ⅲ.①城市铁路—轨道交通—机电设备—高等职业教育—教学参考资料 Ⅳ.①U239.5

中国版本图书馆CIP数据核字(2016)第172209号

新疆特色的轨道交通类专业教学体系研究课题成果

Chengshi Guidao Jiaotong Jidian Jishu Zhuanye Peiyang Fang' an ji Jiaoxue Biaozhun

书　　名:**城市轨道交通机电技术专业培养方案及教学标准**
著 作 者:叶剑锋　段明社
责任编辑:司昌静
出版发行:人民交通出版社股份有限公司
地　　址:(100011)北京市朝阳区安定门外外馆斜街3号
网　　址:http://www.ccpress.com.cn
销售电话:(010)59757973
总 经 销:人民交通出版社股份有限公司发行部
经　　销:各地新华书店
印　　刷:中石油彩色印刷有限责任公司
开　　本:787×1092　1/16
印　　张:12.5
字　　数:302千
版　　次:2016年8月　第1版
印　　次:2016年8月　第1次印刷
书　　号:ISBN 978-7-114-13230-8
定　　价:120.00元

序

2011 年 11 月 26 日，乌鲁木齐地铁正式得到国家发展改革委的批复，乌鲁木齐市步入轨道交通时代，掀开了地铁建设的热潮。为了适应市场需求，新疆交通职业技术学院于 2008 年申报开办电气化铁道技术专业，经过多年努力，形成了集轨道交通工程、机电、信号、运营为一体的技能型人才培养格局，与乌鲁木齐城市轨道集团有限公司签订订单培养 300 多人，在各地铁路部门就业 200 余人，轨道交通人才培养呈现良好的发展态势。

新专业的开办面临的是人才培养方案的修订、师资队伍的培养、实验实训条件的建设等一系列专业建设问题。为解决好这些问题，本人带领轨道交通专业教学团队，向新疆维吾尔自治区交通运输厅申报了《新疆特色的轨道交通类专业教学体系研究》科技重点课题，在自治区交通运输厅的大力支持下，于 2013 年 7 月正式开展相关研究。研究团队先后前往北京地铁、南京地铁、广州地铁等企业进行调研，在广东交通职业技术学院、北京交通运输职业学院、南京铁道职业技术学院等兄弟院校进行了人才培养方案论证和师资培养交流，进而形成了专业人才培养方案和课程标准，以期指导专业建设，同时形成了《轨道交通信号系统维护》等部分特色教材，用于相关专业的教学。现将相关成果进行集中出版，以期能够在更广的范围内获得应用，更是启发后续相关专业建设的关键。

课题研究得到了乌鲁木齐城市轨道集团有限公司的大力支持以及相关企业和兄弟院校的帮助，在此表示诚挚感谢。南京铁道职业技术学院林瑜筠教授，北京交通大学毛宝华教授，广东交通职业技术学院王劲松教授、吴晶教授、黎新华教授，乌鲁木齐城市轨道集团有限公司的徐平、邓超等专家给予了指导和支持，人民交通出版社股份有限公司相关编辑、课题团队成员为系列成果出版做了大量工作，在此一并致谢。

二〇一六年五月

前　言

城市轨道交通机电技术专业是学院为适应乌鲁木齐轨道交通快速发展对人才的需求于2012年举办的。专业设置初期名称为轨道交通控制，2015年根据相关文件精神，原有的城市轨道交通控制专业分成两个专业：城市轨道交通机电技术和城市轨道交通通信与信号。根据乌鲁木齐城市轨道集团有限公司订单需求和铁路局人才培养需求，人才培养中分为机电技术和通信信号两个方向。因2015年乌鲁木齐城市轨道集团有限公司订单需求方向为机电技术，于2016年备案为现专业名称。

在新疆交通运输厅科技重点课题——新疆特色的轨道交通类专业教学体系研究的引领下，专业建设团队不断深入南京地铁、广州地铁、北京地铁、深圳地铁等企业一线调研，同时前往南京铁道职业技术学院、北京交通运输职业技术学院等兄弟院校交流合作，形成了基于工作过程的专业课程体系，并编辑成本书出版。

全书共包括六部分内容：第一部分为专业人才培养方案；第二部分为机电平台课程标准；第三部分为专业基础课程标准；第四部分为核心平台课程标准；第五部分为拓展平台课程标准；第六部分为综合实践平台课程标准。专业人才培养方案由叶剑锋执笔。课程标准共27门，涵盖机电平台课、专业基础课、专业核心课、专业拓展课和综合实践课。其中，杨永春、陈建萍、陈涛、魏娜、路翀等参加了课程标准制订，刘焕海、秦文斌、阿斯耶姆、魏娜、牛云霞、张荣等参与了专业基础课程标准和专业核心课程标准的编写，买买提江、张福庆、宁磊等参与了其他课程标准的编写。本书编写过程中得到乌鲁木齐城市轨道集团有限公司、南京铁道职业技术学院等单位技术专家的指导和帮助，乌鲁木齐城市轨道集团有限公司高级工程师徐平做了大量的审核工作，在此谨表谢意。

本书突出职业教育特色，打造机电平台，重点培养学生岗位技能，融合德育贯穿全过程，可用于指导高等职业院校城市轨道交通机电技术专业人才培养方案的设计与课程开发，并可作为专业教材编写的重要依据。

由于编者水平有限，书中难免有不足之处，敬请读者批评指正。

作　者

二〇一六年五月

目　　录

第一部分　专业人才培养方案

专业人才培养方案说明(2012 级) …… 3
专业人才培养方案说明(2013 级) …… 4
专业人才培养方案说明(2014 级) …… 5
专业人才培养方案说明(2015 级) …… 6
专业人才培养方案 …… 7

第二部分　机电平台课程标准

课程 1　机械基础 …… 29
课程 2　机械制图 …… 34
课程 3　电工基础 …… 40
课程 4　电子技术 …… 47
课程 5　照明配电系统设计与制作 …… 52
课程 6　C 语言与单片机 …… 58
课程 7　液压与气动基础 …… 63
课程 8　可编程控制技术 …… 70
课程 9　传感器及检测技术 …… 75
课程 10　多路抢答器设计及制作 …… 83

第三部分　专业基础课程标准

课程 11　轨道交通概论 …… 91
课程 12　轨道交通系统认知 …… 96

第四部分　核心平台课程标准

课程 13　电梯与手扶梯检修与维护 …… 103
课程 14　城市轨道交通安全管理 …… 108
课程 15　屏蔽门系统检修 …… 114
课程 16　车站集控系统操作与维护 …… 119

第五部分　拓展平台课程标准

课程 17　轨道交通信号基础设备维护 …… 125
课程 18　自动生产线安装与调试 …… 130
课程 19　计算机装调与组建局域网 …… 136
课程 20　轨道交通客运组织 …… 140
课程 21　6S 管理实践 …… 146
课程 22　轨道交通模型设计与制作 …… 152

第六部分　综合实践平台课程标准

课程 23　维修电工取证 …… 159
课程 24　智能楼宇布线与安装 …… 164
课程 25　钳工及焊接实训 …… 169
课程 26　乌鲁木齐综合交通调查 …… 173
课程 27　毕业论文格式规范说明 …… 174

附件 1　乌鲁木齐综合交通调研报告范例 …… 180
附件 2　毕业论文范例 …… 183

第一部分

专业人才培养方案

专业人才培养方案说明(2012 级)

本培养方案是编者在南京铁道职业技术学院学习交流期间,经过专业的学习和走访地铁公司中信号岗位,综合分析原有专业申报材料和相关文献后形成的。

近几年,随着各城市交通拥堵情况的加剧,加快了轨道交通建设的速度。预计 2020 年,我国城市轨道交通累计营业里程将达到 7395km。我国城市轨道交通建设将迎来黄金 10 年。按人才需求分析,每千米配置人员达 40 ~ 50 人,至 2020 年,总需求将达 295800 ~ 369750 人。在我国教育培训体系中,城市轨道交通是新兴专业。城市轨道交通专业人才培养主要由 4 个方面的力量来承担:一是轨道交通人才培养基地;二是原有铁路职业院校介入;三是交通类及其他职业院校介入;四是由相关专业人员经短期培训后上岗。四个方面的培养手段、方法、程度各异,形成各自的培养特色。

另外,城市轨道交通专业开设时间普遍不长,在师资、教材、教学模式以及人才的培养目标上,大多遵循原大铁路系统的培养模式,难以与城市轨道交通的人才需求充分对接。在这样的人才培养体系下,必然产生专业人才素质不高等隐忧。

由于编制水平有限及对职业教育和专业把握不足,纰漏处请有关专家指正,以期在后期专业建设中不断加以研究和完善。

专业人才培养方案说明(2013 级)

本培养方案是在2012 级人才培养方案的基础上,根据新疆交通职业技术学院新的人才培养精神,力求使方案更加趋于科学、合理、循序渐进,既突出体现职业教育教学的特点,又使知识的传授在缺乏系统的职业教育课程教材的情况下,能够将职业性与课程逻辑性相结合,最终不断提高专业人才培养质量。

2013 级专业人才培养方案与2012 级比较有如下特点:

(1)增加专业基础平台课程的比重,例如增加 C 语言程序设计课程,目的在于加强学生的可持续发展能力。

(2)对公共平台课程进行整理整合,例如心理健康等课程,以选修课、活动课的形式开展,丰富授课的形式,提高课程目标的实现度。

(3)加强对实践教学的力度,随着专业实训条件的不断提升和改善,使相应的课程都能进行实践教学,并不断对教师实践操作能力进行提升。

本级人才培养方案还存在一些不足,最大的不足是至今没有成熟的职业化教材以及与专业课程相应的实训条件,同时师资的培养与成长也需要一个长期的过程。

专业人才培养方案说明（2014 级）

经过两年多来的专业探索，借助自治区交通运输厅课题研究，积累了一定的理论基础和经验。应进一步凝练人才培养的目标、课程体系、实验实训的特色，加强学生技能培养，突显职业教育特色，贴近用人单位实际。在 2013 级人才培养方案的基础上做出如下调整：

（1）岗位目标由原来的信号工和通信工，转变为以信号设备和车站环控、屏蔽门、闸机等车站机电设备维护相关工作岗位为主体。

（2）去除通信的部分内容，融入轨道交通联锁系统和轨道交通概论等课程当中。

（3）增加供用电的课程，加强对弱电和强电的能力衔接。

（4）加强对机电控制的基础能力培养，增加电机拖动核心课程。

（5）在综合实训中，进一步加强技能训练及培养，依据实训条件，增加机械加工和焊接实训两个内容，增强学生的综合能力。

（6）进一步明确课程主讲教师的选择和教材的选择及编写工作。

专业人才培养方案说明(2015 级)

本培养方案是在2014 级人才培养方案的基础上,根据新疆交通职业技术学院新的人才培养精神,力求使方案更加趋于科学、合理、循序渐进,既突出体现职业教育教学的特点,同时又贴近工作岗位实际,运用新的课岗证一体化课程体系设计思路进行项目化改造,使知识的传授在缺乏系统的职业教育课程教材的情况下,能够将职业性与课程逻辑性相结合,最终不断提高专业人才培养质量。

2015 级专业人才培养方案与2014 级比较有如下特点:

(1)整合专业基础平台课程,增加多路抢答器等基础项目,目的在于加强学生的基础能力培养并与实践操作能力培养相结合。

(2)对公共平台课程进行整理整合,例如心理健康等课程,以选修课、活动课的形式开展,丰富授课的形式,提高课程目标的实现度。

(3)加强对核心课程的改造力度,随着专业实训条件的不断提升和改善,使相应的课程都能进行实践教学,并不断对教师实践操作能力进行提升。

(4)增加拓展训练项目。

本级人才培养方案仍然存在一些不足主要是至今没有成熟的项目化和职业化教材以及与专业课程相应的实训条件,同时师资的培养与成长也需要一个长期的过程。

专业人才培养方案

一、专业名称

城市轨道交通机电技术(专业代码:502320)

二、教育类型及学历层次

教育类型:高等职业教育
学历层次:大专

三、招生对象、学制与毕业要求

(一)招生对象

高中毕业生或同等学力者。

(二)学制

全日制三年。

(三)毕业要求

1.课程考试(核)要求

在规定年限内修完规定的必修课程和选修课程,各科考核成绩合格。

2.计算机能力要求

获得全国高等学校非计算机专业学生计算机联合考试(简称高校等考 CCT)证书或全国计算机等级考试(简称 NCRE)证书。

3.外(汉)语能力要求

获取高等学校英语应用能力考试(简称 PRETCO) B 级证书。

4.职业资格证书

本专业学习内容的选取参照国家职业技术标准和行业资格考证要求的相关知识和技能。要求毕业生获得专业学历毕业证外,还必须获得以下两种(三选二)资格证书:AutoCAD 绘图员(人力资源和社会保障部)、维修电工中级证(人力资源和社会保障部)、信号中级证(人力资源和社会保障部)。

四、职业目标

立足新疆区域交通人才需求,面向轨道交通行业,同时辐射铁路系统相关就业岗位,主要岗位有信号巡检、维护、车载信号维护、ATS 维护等专业详细工作岗位如表 1-1 所示。

职业目标岗位

表 1-1

序号	就业岗位	职业资格	发证机关
1	信号巡检员	信号中级工(辅助资格证:电工中级、CAD 绘图)	新疆维吾尔自治区人力资源和社会保障厅 铁路局 城市轨道交通集团有限公司
2	机电设备维护员		

五、职业能力

(一)岗位描述

对目标岗位描述如表 1-2 所示。

目标岗位描述

表 1-2

序号	就业岗位	岗位描述
1	信号巡检员	1. 正线信号巡检:理解所管设备的系统组成、原理、性能和技术标准,能独立进行所管系统设备的使用、操作,及时掌握、反馈各类设备的变动情况,掌握设备的原始材料内容和当前数据,能做好所管设备的仪表和工具的维修和保管,熟悉轨道电路室内室外设备的结构及其工作原理,知道设备的运行状态,会检查各种安装装置,能调整各部表示接点不当(包括两点牵引) 2. 基地信号巡检:掌握信号机的工作原理、测试标准;能对信号机不良显示进行调整;能对信号机灭灯故障进行处理;能熟悉道岔表示与启动电路,能根据万用表判断是室内还是室外故障,是启动还是表示故障;能判断道岔密贴不良的故障源自道岔自身原因还是结合部原因 3. 车载信号维护员:能单独、迅速、完善地处理设备的日检、各类故障,并能更换各类车载设备,严格按照质量体系贯标要求填写质量记录
2	机电设备维护员	电梯巡检,屏蔽门、安全门巡检,FAS/BAS 巡检

(二)典型工作任务及其工作过程(表 1-3、表 1-4)

典型工作任务及其工作过程(机电方向)

表 1-3

工作领域	工作任务	职业能力
通识	车站及设备分布	1. 熟悉地铁车站,绘制车站草图 2. 熟悉并标定机电设备位置
售检票系统操作与维护	1. 自动检票机操作与维护	1. 申请更换票箱 2. 更换票箱(拆、换、装) 3. 内外部清洁 4. 硬件紧固检查(工单)
	2. 自动售票机操作与维护	1. 选择线路 2. 投币及获得车票 3. 申请更换票箱、钱箱 4. 更换票箱、钱箱(拆、换、装) 5. “只收银币”故障处理 6. 维护检查(工单)
	3. 半自动售票机操作与维护	1. 单程票发售操作 2. 补出站票操作 3. 发售储值卡 4. 充值操作 5. 储值票退卡 6. 清洁保养 7. 连接线检查

续上表

工作领域	工作任务	职业能力
乘客信息及导向标识系统操作与维护	1. 乘客信息系统操作与维护	1. 综合信息发布 2. 广告信息发布
	2. 导向标识系统操作与维护	1. 检查终端显示与操作一致 2. 绘制导向标识系统的设置位置 3. 导向标志牌灯具更换 4. 拆装液晶电视 5. 导向标识巡查
出入口控制系统操作与维护	1. 门禁系统的操作与维护	1. 紧急故障时的操作规范 2. 更换身份信息识别传感器 3. 工作人员信息录入及修订 4. 门禁系统日常维护(工单)
	2. 安检仪的操作与维护	1. 安全检查仪各部件连接 2. 安全检查仪检查物品(设置危险液体、金属等) 3. 违禁物品甄别 4. 安全检查仪的巡检 5. 安全检查仪部件更换
电梯与自动扶梯操作与维护	1. 电梯的操作与维护	1. 乘坐电梯(楼层输送) 2. 在电梯维护间完成供电、停电操作 3. 在电梯维护间完成电梯卡死操作 4. 电梯机械系统润滑 5. 电器系统检查 6. 更换断路器和真空开关
	2. 自动扶梯的操作与维护	1. 乘坐自动扶梯(绘制结构图) 2. 扶梯故障情况操作 3. 扶梯倒开故障处理 4. 扶梯卡死故障处理 5. 扶梯日常保养(工单)
供用电系统操作与维护	1. 供用电系统操作与维护	1. 开关柜操作(开启、关闭) 2. 操作环控设备就地配电控制箱 3. 更换电压电流表 4. 触电急救(心脏复苏法)
	2. 照明系统操作与维护	1. 绘制照明系统供电图 2. 在配电室进行供停电操作 3. 更换日光灯 4. 组装照明配电箱 5. 日常巡检(工单)
给排水系统操作与维护	给排水系统操作与维护	1. 对给排水房进行开启关停操作 2. 绘制食堂给排水系统图 3. 更换消防阀 4. 潜水泵在超低水位时故障处理

续上表

工作领域	工 作 任 务	职 业 能 力
暖通及空调系统操作与维护	1. 暖通系统操作与维护	1. 开启和关停暖通系统 2. 更换过滤阀门 3. 冷冻站冷水机组维护(工单)
	2. 空调系统操作与维护	1. 在 IBP 盘上操作开启关停空调系统 2. 温度调节和风量调节 3. 风道的紧固 4. 卡式风机盘管清洁 5. 查找并说明地铁站常见出风口的位置 6. 更换空气过滤器
火灾报警系统及自动灭火系统操作与维护	1. 火灾报警系统操作与维护	1. 分析典型火灾案例 2. 向控制中心报告灾情 3. 做警情预判 4. 事故照明装置测试 5. 报警系统巡查
	2. 自动灭火系统操作与维护	1. 站台灾情救援(操作、报告、复原) 2. 站厅灾情救援(操作、报告、复原) 3. 逃生技巧及灭火器使用 4. 烟雾传感器巡查 5. 消防水泵巡查 6. 报警铃巡查及维护
设备监控系统操作	设备监控系统操作	1. 绘制中央级监控系统结构图 2. 在 BAS 中关停冷水机组 3. 调出全线各站被监控设备的工作状态 4. 照明系统的远程控制(关、停) 5. 分析调度中心层级及权限(参考各岗位要求) 6. 打印及装订系统报表

典型工作任务及其工作过程(信号方向) 表 1-4

工作领域	工作任务	职 业 能 力
ATP 设备维护	1. 车载设备维护	1. 熟悉 ATP 车载设备的系统组成、原理、性能和技术标准及运行特征 2. 熟悉 ATP 车载设备间的系统连接、连线走向,能发现 ATP 设备隐患并处理故障 3. 能独立完成车载信号、无线、广播的日检工作和车辆的双周检、双月检工作 4. 熟悉 ATP 车载设备各种板件指示灯含义,并能依据指示灯显示,判断设备运行状况 5. 熟悉 ATP 车载设备检修、检测流程,各种技术指标,能完成标准化作业 6. 熟悉 ATP 车载设备备品通电检修、检测指标,能完成标准化作业 7. 能完成车载 ATC 设备的静态、动态测试及调试,配合车辆厂进行车辆架修工作,认真填写工作记录,并及时上报设备的变动情况 8. 能单独、迅速、完善地处理设备的日检、各类故障,并能更换各类车载设备,严格按照质量体系贯标要求填写质量记录 9. 做好所管设备的仪表和工具的维修和保管 10. 能用专业语言与技术专家进行很好的沟通
	2. ATP 天线测试及维护	1. 熟悉天线各接口电路工作原理及运行特征 2. 熟悉相关设备电气特性测试方法 3. 熟悉接插件安装标准及设备固定方法 4. 能独立、迅速处理 ATP 天线故障
	3. 速度脉冲发生器检查	1. 熟悉速度脉冲发生器各接口及安装标准 2. 会拆装速度脉冲发生器,并能按标准进行检查

续上表

工作领域	工作任务	职业能力
ATP 设备维护	4. ATP 轨旁单元测试与维护	1. 熟悉轨旁设备组成、工作原理、运行特征、技术指标、测试内容、测试方法及设备的运行状况 2. 能完成日常计表工作和设备的季检、年检工作,并能认真填写工作记录 3. 能根据车载设备的运转状态判断轨旁设备的工作情况 4. 熟悉轨旁设备各插接件安装方法 5. 熟悉各相关地线的布置,并能按要求进行检查 6. 会更换有关部件 7. 会进行 3 取 2 切换试验 8. 能对机柜内配线进行修整 9. 熟悉所有熔断器的位置及工作状态 10. 能对光缆、电缆等传输线路进行整修 11. 能独立、迅速处理各种 ATP 轨旁单元常见故障,并会做好故障处理记录工作,能独立进行各类设备的替换 12. 能独立担当起承包相应设备的日常维护检查工作,做好各类检查的记录、统计,能根据设备检查结果判断设备的好坏与否,做好设备台账
	5. ATP 故障检修	1. 熟悉 ATP 设备的正常工作状态,并据此判断 ATP 设备是否故障 2. 熟悉 ATP 常见故障及故障处理程序 3. 熟悉 ATP 故障排除方法 4. 能用专业语言与技术专家进行很好的沟通
ATO 设备维护	1. 车载 ATO 机柜测试	1. 熟悉车载 ATO 机柜结构、硬件组成、工作原理及运行特征 2. 能用专业语言与技术专家进行很好的沟通 3. 熟悉车载 ATO 设备输入/输出接口电路的结构 4. 能看懂机柜及 MMI 上的各种表示 5. 熟悉列车所有的插接件安装规范 6. 会进行 ATO 各项静态、动态测试 7. 能根据测试判断设备的工作状况 8. 熟悉各种列车运行模式所需条件和列车驾驶方法 9. 会对各相关线缆进行整治
	2. 车地通信天线检查	1. 熟悉车地通信设备的结构及工作原理 2. 熟悉车地通信设备安装标准及其维护的内容和检查方法 3. 熟悉相关电气特性标准及测试方法
	3. 车地通信多路接收器测试	1. 熟悉车地通信多路接收器的结构及工作原理 2. 熟悉车地通信多路接收器安装标准及其维护的内容和检查方法 3. 熟悉相关电气特性标准及测试方法
	4. 车地通信环线及其轨旁连接盒检查与分析	1. 熟悉列车位置识别系统的结构,并能读懂电路图 2. 熟悉列车位置识别系统的外观及形状 3. 会使用相关测试工具,并能对各导线、引接线、防护管、接地线、箱盒外观及内部防潮、防湿、各种紧固件(轨枕夹、夹钉、绑带)、盒内、盒外各种螺钉紧固件进行检查 4. 会进行线缆整治 5. 熟悉进行各种参数的测量及调整 6. 能进行电气特性测试参数分析
	5. ATO 设备故障处理	1. 熟悉 ATO 计算机故障现象及处理程序 2. 在设备故障发生后,能很好地与技术专家进行沟通 3. 熟悉 ATP/ATO 设备常见故障排除方法

续上表

工作领域	工作任务	职业能力
ATS设备维护	1. 车站操作员工作站作业及保养	1. 熟悉设备的结构、功能、工作原理及运行特征 2. 熟悉设备内部电路板安装要求及安装方法 3. 熟悉本地操作员台的显示和操作 4. 会进行各项功能测试 5. 能根据设备运行状态判断设备是否正常工作 6. 能处理常见的设备故障 7. 能独立进行设备的日常保养和二级保养 8. 熟悉带电作业时的各种保护措施
	2. 车站接口柜操作及维护	1. 熟悉设备的结构、工作原理及运行特征 2. 熟悉设备内部电路板安装要求及安装方法 3. 熟悉在车站控制盘上进行扣车、放行的操作 4. 熟悉在 MMI 上进行扣车、放行的操作 5. 熟悉静电防护措施 6. 熟悉电源维护的内容和方法 7. 能独立进行相关项目的检查 8. 能根据设备运行状态判断设备的故障点及故障类型
	3. 乘客向导系统使用及维护	1. 熟悉设备的结构、工作原理及运行特征 2. 熟悉设备内部电路板安装要求及安装方法 3. 熟悉各种接口电路的配线图 4. 能读懂接口板的各种显示灯含义 5. 能读懂显示模块监控指示灯的显示意义 6. 能独立检查模块结构 7. 能对相关线缆进行检查 8. 会进行显示功能的测试 9. 能处理常见的设备故障
	4. 发车倒计时指示器检查	1. 熟悉设备的结构、工作原理及运行特征 2. 熟悉设备内部电路板安装要求及安装方法 3. 能看懂显示屏显示的内容,并据此判断设备工作正常与否 4. 与 PIIS 相连时,能进行相关功能测试 5. 能对相关线缆进行检查 6. 能处理常见的设备故障
	5. PCU/RTU(过程耦合单元/远程终端单元)测试	1. 熟悉设备的结构、工作原理及运行特征 2. 熟悉设备内部电路板安装要求及安装方法 3. 熟悉安全作业规程 4. 熟悉各种接口的检查内容 5. 能独立进行设备运行状态检查 6. 会测量变压器电源的各种电器特性值 7. 能独立进行主备组件的切换操作 8. 会进行功能测试 9. 能根据声音和表示灯的状态判断设备的故障点及故障类型 10. 熟悉设备的配线图

续上表

工作领域	工作任务	职业能力
ATS设备维护	6. ATS工作站检查与维护	1. 熟悉设备的结构、工作原理、运行模式及其运行特征 2. 熟悉设备内部电路板安装要求及安装方法 3. 能根据远程实时监控情况判断系统的工作情况 4. 能通过软件对列车运行数据进行分析 5. 能根据微机检测系统对车场联锁设备进行数据分析 6. 会整理硬盘 7. 会进行密码更新 8. 会进行功能测试 9. 能读懂各种相关指示灯含义 10. 能对设备运行状态进行检查 11. 会通过ADM工作站远程登录ATS工作站，并能注销登录、关闭远程登录窗口 12. 会检查文件系统、系统资源，对硬盘分区使用情况会进行检查 13. 会查阅报警信息、轨道图、系统图显示
	7. 打印机使用	1. 熟悉设备的结构及运行特征 2. 会安装打印机 3. 会根据打印效果，检查打印设备正常与否
	8. 背投使用	1. 熟悉设备的结构及运行特征 2. 熟悉设备内部电路板安装要求及安装方法 3. 会检查显示屏是否有坏点 4. 熟悉设备的运行状态 5. 会根据背投电源各参数检查电源设备的工作状态 6. 会检查显示屏的显示位置
联锁设备维护	1. 信号机测试	1. 掌握信号机的工作原理、测试标准 2. 能完成对信号机的日常测试、检查、限界测量 3. 能对信号机不良显示进行调整 4. 能对信号机灭灯故障进行处理
	2. 道岔转换设备维护	1. 熟悉道岔及其转换设备的工作原理 2. 能独立完成对道岔的日常检修测试、故障处理 3. 能对密贴过紧过松进行判断和调整，能判断道岔密贴不良的故障源自道岔自身原因还是结合部原因 4. 能分析道岔锁闭不了的原因，判断是卡阻还是自身调整不良，如卡阻要会判断机内机外；对工务框架尺寸要有一定了解 5. 能判断道岔不解锁的原因是机内还是机外，要能找到不解锁的原因 6. 能够调整缺口不良 7. 能检测表示连接杆连接部分松动 8. 能检查判断动接点与静接点接触不良 9. 能调整各部表示接点调整不当(包括两点牵引) 10. 能熟悉道岔表示与启动电路，能根据万用表判断是室内还是室外故障，是启动还是表示故障
	3. 联锁维护	1. 熟悉联锁设备的结构与功能，熟悉设备各种运行模式及其运行特征 2. 能根据设备面板、模块显示灯判断设备运行状态 3. 熟悉联锁系统操作及有关命令设置 4. 能独立对常见报警信息进行处理 5. 会对设备地线进行检查 6. 会对屏蔽接地进行检查 7. 熟悉接插件检查内容 8. 熟悉设备间的连接方法，能看懂电路图 9. 熟悉通道冗余检查的内容

续上表

工作领域	工作任务	职业能力
联锁设备维护	4. 接口板维护	1. 熟悉接口板上的各种指示灯含义 2. 能描述板间信息传递的基本原理 3. 知道接口板的工作状态 4. 能对设备地线进行检查 5. 会检查屏蔽接地 6. 会检查接插件 7. 会检查电源冗余通道
	5. 分散式接口模块系统维护	1. 熟悉设备运行状态(面板、模块显示灯) 2. 了解设备安装要求 3. 会读电路图 4. 能对室内外接口电气特性测试进行检查 5. 会检查地线 6. 会更换有关的部件 7. 会检查联锁功能 8. 熟悉联锁设备的故障处理流程 9. 会排除一些常见故障
列车检测及定位设备维护	1. 轨道电路维护	1. 熟悉轨道电路室内室外设备的结构及其工作原理,知道设备的运行状态 2. 能按要求对相关电气特性进行测试、分析 3. 能根据要求检查导线、引接线、防护管、接地线等连接情况 4. 会检查 S 棒、终端棒、短路棒外观及形状 5. 会检查各种安装装置 6. 会检查室内地线 7. 会进行轨道电路分路测试 8. 会更换不良部件 9. 能对室外线路进行整修
	2. 计轴设备维护	1. 熟悉设备结构及安装位置 2. 熟悉设备的工作原理及运行状态 3. 熟悉设备各元件之间的连接情况 4. 会进行电气参数测试 5. 熟悉设备故障处理流程,会对设备常见故障进行处理 6. 会对设备进行必要的养护
	3. 同步环线维护	1. 熟悉设备结构及安装位置 2. 熟悉设备的工作原理及运行状态 3. 熟悉设备故障处理流程,会对设备常见故障进行处理 4. 会对设备进行必要的养护 5. 会进行电气参数测试
电源设备维护	1. UPS 维护	1. 熟悉 UPS 结构及工作模式 2. 熟悉蓄电池管理系统 3. 熟悉 UPS 投入使用的操作程序 4. 能处理常见故障
	2. 电源柜检测	1. 熟悉电源设备的结构 2. 会对电源设备进行检测 3. 会切换主、备电源 4. 会对报警声进行切除 5. 能处理常见的故障

续上表

工作领域	工作任务	职业能力
信号传输网络维护	信号传输网络维护	1. 熟悉所管设备的系统组成、原理、性能和技术标准,能独立进行所管系统设备的使用、操作,及时掌握、反馈各类设备的变动情况,掌握设备的原始材料内容和当前数据 2. 能独立、迅速处理常见故障,积极参与各类重大故障的排除,做好故障处理记录工作 3. 能独立担当起日常维护检查工作,做好各类检查的记录、统计,能根据设备检查结果判断设备的好坏与否,做好设备台账,并严格按照质量体系贯标要求填写相应的质量记录 4. 能做好所管设备的仪表和工具的维修和保管
班组管理	1. 班组现场生产组织	1. 能够编制班组日常生产计划 2. 能组织实施停轮修 3. 能组织完成车间各项重点工作 4. 能组织班组内部设备互检 5. 能按标准填报各项报表(业务标准)
	2. 班组设备安全分析	1. 能对班组设备不良反应进行分类,分析制订卡控措施 2. 具备制订劳动安全预防卡控能力 3. 能对设备存在缺陷进行归纳分析,举一反三
	3. 班组与外界协调	1. 能协调控制中心调度部门,了解设备运用状况 2. 能与相关部门解决结合部问题 3. 能处理突发事件
	4. 班组的台账与人员管理	1. 能收集管理管内技术资料 2. 会管理班组的测试资料 3. 能对班组每日作业进行写实(含考勤) 4. 具备班组各项物品(材料、备品、办公用品)的管理能力 5. 能按要求组织学习、落实各项文件通知

(三)能力与素质总体要求

1. 知识要求

(1)熟悉电工、电子、电力电子技术等方面的基本电路知识在城市轨道交通机电技术专业的应用。

(2)理解轨道交通机电设备、联锁设备等的结构和基本原理、配线、软件配置、系统维护等知识。

(3)了解基层生产组织管理方法。

(4)了解轨道交通客运组织。

(5)能描述计算机控制系统的专业基本知识。

(6)了解一般性英语技术资料的翻译方法和简单专业口头表达方法。

(7)理解计算机操作与应用方法。

2. 技能要求

(1)能读懂列车检测设备、车站联锁设备、ATP 及 ATO 设备、ATS 设备、监测设备的电路图和接线图。

(2)能对安全门、屏蔽门进行配线、检修、测试、调整及故障处理。

(3)能对电梯手扶梯试验、检修、测试、配线和故障处理。

(4)能对 FAS/BAS 进行配线、检修、测试、数据分析及故障处理。

(5)会对 ATS 设备进行检修、测试及故障处理。

(6)会利用远程监测设备进行数据调用、分析和故障判断。

(7)会对专业相关设备进行软件配置。

(8)能阅读一般性专业英语技术资料,并能用英语进行简单的专业技术交流。

(9)能进行职业生涯规划。

3. 素质要求

(1)具备良好职业道德和敬业精神。

(2)具有良好的人际沟通能力和一线岗位适应能力。

(3)有较强的表达能力、组织实施能力。

(4)具备城市轨道交通通信信号设备维护工作的基本生产组织、技术管理能力。

(5)有集体意识和社会责任心。

(6)具有创业精神、良好的职业道德和健康的体魄。

(7)具备节能环保意识。

(8)能遵守城市轨道交通通信信号设备维护的安全作业纪律。

六、专业培养目标

本专业面向城市轨道交通通信信号设备维护岗位,培养城市轨道交通列车自动控制系统设备维护必须具有的信息传输与接入技术、传感器与列车检测设备维护、联锁、列车自动防护与自动驾驶、列车自动监控、ATC 系统测试与综合故障处理等主要知识;能对列车自动控制系统设备进行日常养护、测试、检修、故障处理和分析;具有基层职能单位的管理和技术革新的能力;具备高职层次基本素养与职业道德的高素质高技能创新型人才。

七、课程体系设计

(一)课程体系构建思路

以"三层次,四要求"的人才培养模式(图 1-1)来构建课程体系。"三层次"是以岗位能力训练为主线,构建双证融合的课程体系,根据岗位要求和职业考核标准,分解职业能力,形成基本素质和能力、岗位基本能力、岗位综合能力 3 个层次的能力体系。"四要求"详见课程体系模块部分。

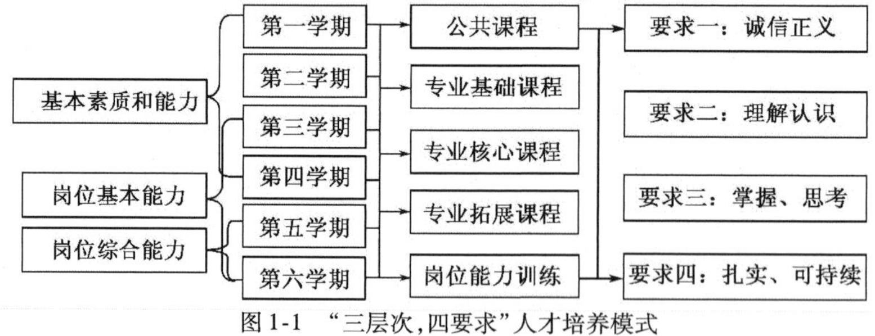

图 1-1 "三层次,四要求"人才培养模式

根据能力目标,形成 3 个课程阶段:文化素质课程模块、岗位基本能力训练课程模块、岗位综合能力训练课程模块。努力构建"333"课程体系,即公共基础、专业课程、专业实践各占 1/3。

文化素质课程模块的教学,以校园文化、素质培养为依托,主要在课堂与社会实践岗位完成;岗位基本能力训练课程模块、岗位综合能力训练课程模块,按照"工学交替"方式,在专业基本能力训练中心(轨道交通控制综合实训中心)、机电一体化能力实训基地、校内练功场和实习合作企业完成课程模块的教学,根据机电类和轨道类专业技术领域和职业岗位群的任职要求设计教学内容,以项目、机电产品制作、轨道交通控制工作任务为载体展开教学,保持教学内容与实际工作的一致性、校内实训与企业工作的一致性。

课程体系设计为体现课程的特长，体系设计中的训练课程以课程培养能力区分，在进程表中进行课程改革后进行整合，如机械基础与机械制图合并为机械基础及制图；ATP/ATO/ATS课程合并为轨道交通联锁系统。

（二）专业核心能力培养体系设计

以为新疆轨道交通行业企业培养具有高技能、高素质的控制（信号）专业人才为根本出发点，使轨道交通机电技术专业的毕业生能深入生产一线甚至高于新疆地区高职院校同类专业的毕业生，学生就业时具有明显的就业竞争优势。

按照职业能力的培养要求，以岗位能力为核心能力建设，从学院教学实际条件入手，按职业活动的内在逻辑和学生能力培养的自身规律来选择和组合安排专业核心教学内容，构建以实践教学为核心的专业核心能力培养体系如图1-2所示。

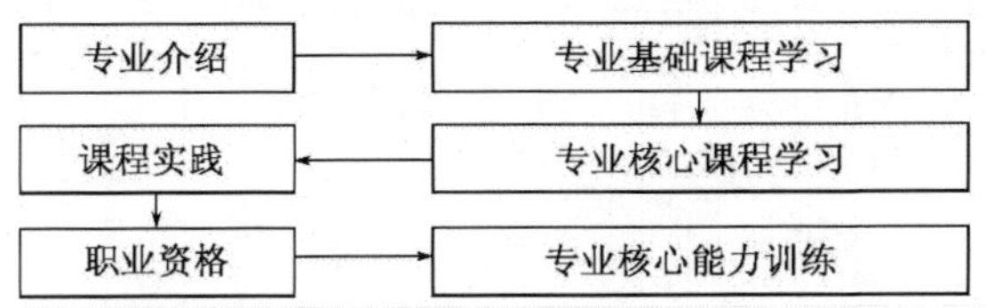

图1-2　专业核心能力培养体系

专业核心能力培养体系以专业能力培养为核心，时刻围绕核心能力的客观规律安排教学内容，从专业介绍开始即进入能力培养，以专业基础课程学习和专业核心课程学习为主，同时辅以课程实践，使学生能够参加职业资格鉴定，获取相应证书，并进入顶岗实习岗位。

（三）课程体系模块

课程的逻辑结构说明课程体系的设计思路及与其他专业的关系。

（1）课程体系设计时尽量考虑与机电一体化专业课程的耦合。

（2）课程体系设计遵循能力递进的原则。

（3）课程体系设计按照能力组成权重不同加以课时分割。

（4）课程体系设计遵循基础扎实、专业能力够用的原则。

课程体系逻辑如图1-3所示。

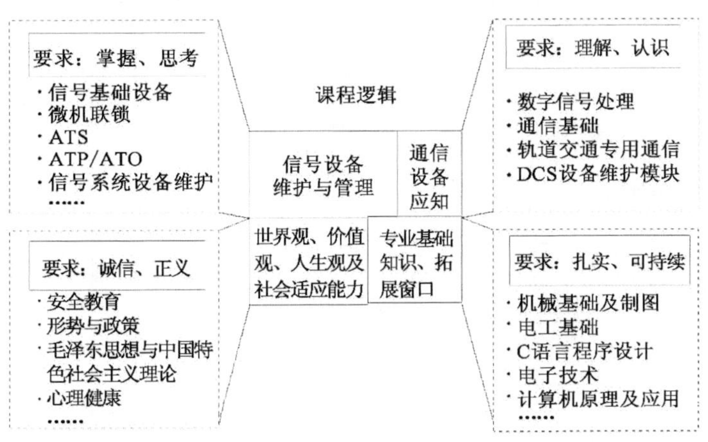

图1-3　课程体系逻辑结构

八、教学进程安排

(一)教学进程及时间分配(表1-5)

教学进程及时间分配 表1-5

序号	课程类别		课程名称	考核方式	学时数			各学期周学时分配											
					合计	理论	实践	第一学年						第二学年					
								1			2			3			4		
								1~2周	3~10周	11~18周	1~8周	9~10周	11~18周	1~8周	9~10周	11~18周	1~8周	9~10周	11~18周
1	必修课	公共课程	思想道德修养与法律基础	考查	54	54	0	军训15天	2	2		钳工和焊接实训1周，新疆综合交通行业调研1周			维修电工取证2周			智能楼宇布线与实践2周	
2			马克思主义哲学原理概论	考查	32	32	0				2		2						
3			新疆历史与民族宗教理论政策教程	考查	54	54	0							2		2			
4			毛泽东思想与中国特色社会主义理论体系概论	考查	54	54	0										2		2
5			形势与政策(五学期)	考查	80	40	40												
6			体育	考查	122	10	112		2	2	2		2	2		2	2		2
7			计算机应用基础	考试	64	14	50				4		4						
8			高职英语	考试	128	128	0				4		4						
9			应用数学	考查	64	64	0		4	4									
10			军事课	考查	按文件规定执行														
11			入学、安全教育	考查															
			小计		652	450	202												
12		机电平台	机械基础	考试	48	24	24		6										
13			机械制图	考试	48	24	24			6									
14			电工基础	考试	32	16	16		4										
15			电子技术	考查	32	16	16			4									
16			项目:照明配电系统设计与制作	考试	48	8	40		4		6								
17			C语言与单片机	考试	48	24	24				6								
18			液压与气动基础	考查	32	16	16						4						
19			可编程控制技术	考试	32	16	16						4						
20			传感器及检测技术	考试	32	16	16						4						
21			项目:多路抢答器设计及制作	考试	48	8	40							6					
			小计		400	168	232												
22		专业基础	轨道交通概论	考查	32	28	4		4										
23			项目:轨道交通系统认知	考试	32	4	28			4									
			小计		64	32	32												
24		核心平台	电梯与手扶梯检修与维护	考试	64	24	40												8
25			城市轨道交通安全管理	考试	48	18	30									6			
26			项目:屏蔽门系统检修	考试	64	24	40										8		
27			项目:车站集控系统操作与维护	考查	32	4	28							4					
			小计		208	70	138												
28		拓展平台	项目:轨道交通信号基础设备维护	考查	48	24	24												6
29			自动生产线安装与调试	考查	48	24	24												
30			计算机装调与组建局域网	考查	48	0	48							6					
31			轨道交通客运组织	考查	48	8	40										6		
32			项目:6S管理实践	考查	32	4	28												4
33			轨道交通模型设计与制作	考查	32	0	32									4			
			小计		256	60	196												
34		综合实践平台	维修电工取证	考查	48	0	48												
35			智能楼宇布线与安装	考查	48	0	48												
36			钳工及焊接实训	考查	24	0	24												
37			乌鲁木齐综合交通调查	考查	24	0	24												
38			毕业设计及论文答辩	考查	24	0	24												
39			预就业岗位能力强化	考查	360	0	360												
40			顶岗实习	考查	442	0	442												
			小计		970	0	970												
41	选修课		高职学生职业发展与就业(创业)指导(必选)	考查	24	18	6												
42			大学生心理健康(必选)	考查	24	24	0												
43			德育活动课(必选)	考查	每周三开设														
44			礼仪与服务	考查	根据具体课程以讲座、活动等形式开展														
45			自然辩证法	考查															
46			轨道交通文化	考查															
			小计		48	42	6												
总学时及周学时					2550	780	1770		26	22		24	24		20	20		18	22

序号	第三学年 5(1~18周)	第三学年 6(1~18周)
1–46	预就业岗位能力强化训练	顶岗实习17周、毕业论文或设计答辩1周
总学时及周学时	20	24

注:思想道德修养与法律基础、毛泽东思想与中国特色社会主义理论体系概论、形势与政策、就业指导与创业教育、大学生心理健康、高职英语、应用数学总课时不足,由学院统一集中安排课余时间补齐。

(二)综合实验实训实习设置及学时安排

综合实验实训实习设置的逻辑体系如图 1-4 所示。

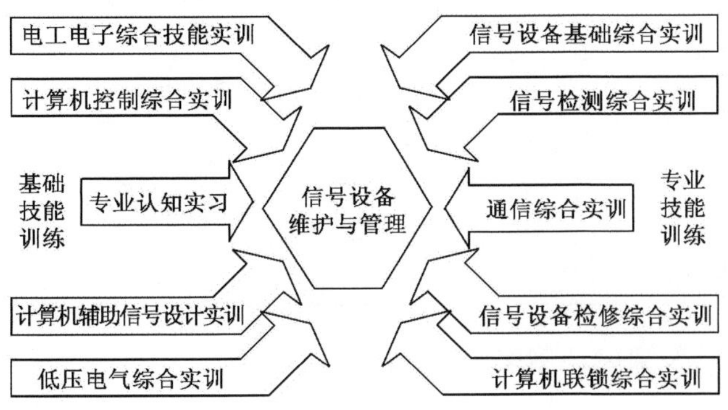

图 1-4 实训实习体系

综合实训项目如表 1-6 所示，部分综合实训在顶岗实习中完成，随着校内实训条件不断完善，将逐步转为校内开展。

综合实训项目 表 1-6

序号	项目名称	实训内容	考核学期
1	钳工及焊接实训	电弧焊、气体保护焊	2
2	乌鲁木齐综合交通调查	交通调查、交通分析	2
3	电工综合实训	低压电器、控制电路、万能铣床电路	3
4	智能楼宇布线与安装	照明电路、电工电路等	4
5	预就业岗位能力强化	强化岗位技能(企业需求)	5

岗位技能考核项目是学生提升专业岗位能力的重要检验手段之一，设置安排如表 1-7 所示。

岗位技能考核项目 表 1-7

序号	实践技能考核项目	可考核学期					
		一	二	三	四	五	六
1	轨道基础					√	
2	机械加工		√				
3	焊接		√				
4	车站机电设备				√		√
5	电工考证			√			
6	智能楼宇布线				√		
合计				2	4		

综合实训实习可根据实习岗位特点任选一项，由实习单位的指导教师评定成绩，设置安排如表 1-8 所示。

综 合 实 训 实 习 表 1-8

序号	项 目 名 称	实 训 内 容	考核学期
1	机电设备维护	常见的城轨、工业、民用机电设备维护	6
2	自动化	自动化系统维护	6
3	岗位能力强化	安全门、屏蔽门等	6
4	运营调度	列车调度及通信	6

（三）教学课程设计及课时比例表（表 1-9）

教学课程设计及课时比例 表 1-9

课 程 类 别	总学时	理论学时	实践学时	占总学时比例（%）
公共课程	652	450	202	25.6
机电平台	400	168	232	15.7
专业基础	64	32	32	2.5
核心平台	208	70	138	8.2
拓展平台	256	60	196	10
综合实践平台	970	0	970	38
合计	2550	780	1770	100
理论教学学时与实践教学学时的比例	1:2.27			

（四）全学程时间安排表（表 1-10）

全学程时间安排表 表 1-10

<table>
<tr><th>学年</th><th>学期</th><th>军训及
入学教育</th><th>理论教学</th><th>校内实习</th><th>顶岗实习</th><th>本学期
总教学周数</th><th>备注</th></tr>
<tr><td rowspan="2">一</td><td>1</td><td>2</td><td>16</td><td></td><td></td><td>18</td><td rowspan="4">1～4 学期安排 1 周为考试周</td></tr>
<tr><td>2</td><td></td><td>16</td><td>2</td><td></td><td>18</td></tr>
<tr><td rowspan="2">二</td><td>3</td><td></td><td>15</td><td>3</td><td></td><td>18</td></tr>
<tr><td>4</td><td></td><td>14</td><td>4</td><td></td><td>18</td></tr>
<tr><td rowspan="2">三</td><td>5</td><td></td><td></td><td></td><td>18</td><td>18</td><td></td></tr>
<tr><td>6</td><td></td><td></td><td>1</td><td>17</td><td>18</td><td>答辩 1 周</td></tr>
<tr><td colspan="2">总计</td><td>2</td><td>61</td><td>10</td><td>35</td><td>108</td><td></td></tr>
</table>

九、专业核心课程说明

(一)课程1　电梯与手扶梯检修与维护

1. 建议学时

64 学时。

2. 课程目标

(1)使学生理解电梯、手扶梯的结构。

(2)使学生掌握电梯、手扶梯的工作原理。

(3)使学生理解系统的各个组成部分及各自功能和原理等。

3. 课程内容

电梯和自动扶梯的基本结构与运行理论、主驱动与自动控制系统的工作原理、安装安全质量控制与安全验收规范、维修保养安全技术规范、常见故障的逻辑判断与排除方法和事故现场应急处理方法等。本书还收入了电梯和自动扶梯施工项目的工程管理与政府特种设备管理部门监督管理和检测验收标准等内容。

4. 教学评价

理论知识考核占 30%、实践技能占 40%、平时成绩占 30%,综合能力评价由以上几项综合评定。

5. 教学建议

(1)在教学过程中,尽量采用项目教学,以工作任务引领提高学生学习兴趣,培养学生的职业能力。

(2)教学中注意培养学生的安全操作意识,培养学生的规范操作技能。

(3)建议聘请企业专家进行操作培训。

(二)课程2　城市轨道交通安全管理

1. 建议学时

48 学时。

2. 课程目标

(1)通过本课程的学习,使学生理解安全管理的重要性。

(2)通过课程学习,掌握安全管理的技术与方法。

(3)通过课程的学习,掌握应急处理办法。

3. 课程内容

安全管理概述、安全文化、城市轨道交通运营安全保障和管理运作、城市轨道交通运营安全系统分析、城市轨道交通运营安全系统评价、城市轨道交通运营安全技术、城市轨道交通应急救援、伤害急救常识、安全生产、员工安全保障、安全生产法律法规以及城市轨道交通运营事故案例分析。

4. 教学评价

理论知识考核占 40%、实践技能占 40%、平时成绩占 20%,综合能力评价由以上几项综合评定。

5. 教学建议

(1)在教学过程中,尽量采用项目教学,以工作任务引领提高学生学习兴趣,培养学生的职业能力。

(2)教学中注意培养学生的安全操作意识,培养学生的规范操作技能。

(3)注意培养学生的团队协作能力和沟通能力。

(三)课程3　屏蔽门系统检修

1. 建议学时

64学时。

2. 课程目标

通过本课程学习,使学生系统掌握轨道交通车站屏蔽门、安全门、闸机等设备构成,检测机维护的方法,能够处理常见的故障。

3. 课程内容

屏蔽门、安全门系统运行管理,屏蔽门系统设备,屏蔽门系统设备维护与故障处理,屏蔽门系统技术要求,配电与控制系统,监视工作站,屏蔽门系统设备维护与故障处理,闸机系统安装、调试及验收,维修工具以及仪器、仪表的使用。

4. 教学评价

理论知识考核占50%、实践技能占30%、平时成绩占20%,综合能力评价由以上几项综合评定。

5. 教学建议

(1)在教学过程中,尽量采用项目教学,以工作任务引领提高学生学习兴趣,培养学生的职业能力。

(2)教学中注意培养学生的安全操作意识,培养学生的规范操作技能。

(3)注意培养学生的团队协作能力和沟通能力。

(四)课程4　车站集控系统操作与维护

1. 建议学时

32学时。

2. 课程目标

地铁车站环控系统操作及综合故障处理,针对乌鲁木齐城市轨道集团有限公司的设备构成编写教材,使学生贴近工作现场,通过本课程的学习,初步进行岗位能力训练,同时掌握一些基本的理论方法。

3. 课程内容

(1)FAS的结构与组成。

(2)BAS的结构与组成。

(3)FAS 的原理分析与操作。

(4)BAS 的原理与操作。

(5)系统常见故障及处理方法。

(6)系统设备的现场调试。

(7)系统的操作规范。

4. 教学评价

理论知识考核占 20%、实践技能占 60%、平时成绩占 20%,综合能力评价由以上几项综合评定。

5. 教学建议

(1)注重学生动手能力和实践中分析问题、解决问题能力的考核,对在学习和应用上有创新的学生应予特别鼓励,全面综合评价学生能力。

(2)在教学过程中,尽量采用项目教学,以工作任务引领提高学生学习兴趣,培养学生的职业能力。

(3)教学中注意培养学生的安全操作意识,培养学生的规范操作技能。

十、质量监控保障机制

(一)课内教学质量监控

1. 实训条件要求

以项目教学为核心,根据教学需要建设城市轨道交通机电技术专业实训基地,同时,为企业人员提供业务培训服务,解决企业培训过程中难度较大的问题。加强与乌鲁木齐城市轨道集团有限公司及其他轨道公司的校企合作力度,建立校企共赢合作机制和校外实训基地,同时开发或引进城轨 ATC、车站机电设备的仿真软件系统,以满足学生岗位项目业务内容的教学与实训需要,为学生毕业后胜任城轨工作岗位打下基础。

2. 教学内容要求

课程根据职业岗位能力分解本岗位的典型工作任务和行动领域,以企业技术人员开发的典型工作任务为依据,分析各岗位具体工作过程,重构课程的学习领域和学习情境。在课程教学中,以城轨控制生产作业项目为载体,将相关知识点分解到实际项目中,通过对项目的分析和实际操作,体现基于现场相关关键岗位工作过程的教学实践。通过不同学习领域学习情境的理解与实际操作,提高学生的综合素质和技能。根据企业用人订单情况,与各地铁运营公司工程技术人员共同优化人才培养方案,共同开发实训设施和项目,共同编写工学结合核心教材。

3. 教学方法要求

本教学标准中多门课程主要以项目为载体按理论与实践一体化要求组织教学,每门专业核心课程都应采取项目课程设计思路,努力以典型任务为载体,实施跨任务教学,融合理论知识与实践知识于一体,以更好地培养学生综合职业能力。教师充分利用校内实训室设备,设计“教、学、练”教学方法。每门具体课程的课程标准和教学大纲,要完全反映这一设计思路。

4. 教学评价要求

在学生能力评价中,引入过程评价机制、自评与互评机制、企业参与评价机制、职业技能鉴定机制。专业核心课程把形成性评价和总结性评价结合起来，将考核的重点放在教学情境（教学单元）评价之中，原来的期末考试为综合能力测试，即应用所学专业知识解决实际工作流程中的问题，强调创新实践能力考核，培养学生从业规范和良好的职业素质。以考核评价与能力展示为导向，激发学生的内在潜力和需求，更好地培养学生的沟通能力、团队合作能力、创新能力，增强安全意识和竞争意识。另外，制订相应的督导和检查制度，有计划、多形式地加强对课程实施情况的检查和监督。

（二）实验实训实习教学管理

由于本专业为新办专业，各专业实验实训实习教学条件不完善，因此，该部分以教学条件为重点，加强实验实训条件的保障工作，并以此说明基本的专业实验实训条件。

其他实验实训教学管理参照汽车与机电工程学院相关制度执行。

1. 轨道交通车站设备、信号联锁、车站运营实训室（可同时容纳20名学生开展实训）

功能：城市轨道交通机电技术专业的“联锁课程”理实一体化教学任务、转辙机拆装调试与测试等。道岔转换的主要设备如表1-11所示。

道岔转换设备 表1-11

序号	设备名称	功能或用途	单位	基本配置数量	适用范围
1	提速道岔操控台	理实一体化教学	个	1	铁路运输、轨道交通车站机电设备、铁道通信信号、职业技能培训
2	教学用电动转辙机	理实一体化教学	台	1	
3	电动转辙机	理实一体化教学、转辙机拆装	台	10	
4	S700K电动转辙机	理实一体化教学	台	1	
5	电动液压转辙机	理实一体化教学	台	1	
6	闸机	理实一体化教学	台	4	
7	屏蔽门	理实一体化教学	台	1	
8	电梯	理实一体化教学	台	10	
9	自动售票机	理实一体化教学	台	1	
10	FAS/BAS	理实一体化教学	套	1	

2. 车站设备实训室

功能：满足车站机电设备、售检票等实训，如表1-12所示。

车站机电设备实训 表1-12

序号	设备名称	功能或用途	单位	基本配置数量	适用范围
1	机电设备系统	测试与维护	套	1	铁路运输、铁道通信信号、运营管理、职业技能培训
2	售检票系统	测试与维护	套	1	

3. 城轨综合实训室（可同时容纳20名学生开展实训）

功能：承担城市轨道交通机电技术专业课程的理实一体化与技能训练教学任务，电源屏操作与维护，车载ATP/ATO设备操作、测试与维护，车载数据分析，更可作为城市轨道交通机电技术专业职业技能鉴定训练和考试的基地。

主要设备配置（按试车线相关设备进行配置）如表1-13所示。

城轨综合实训 表1-13

序号	设备名称	功能或用途	单位	基本配置数量	适用范围
1	一台非安全PC	模拟必要的联锁功能	套	1	城市轨道运营管理、铁道通信信号（城轨）、铁道机车车辆、职业技能培训
2	FTG-S的室内和室外设备	测试与维护	套	1	
3	ATP/ATO轨旁单元	测试与维护	套		
4	安装有测试应用程序的试验计算机（标准PC）	模拟ATP的轨旁单元联锁接口，使ATP能够完成各项试验，给设备测试及维护提供硬件支持	台	1	
5	精确停车同步环线	安装、调整、测试及维护	套	1	
6	PTI环线（安装在两端）	安装、调整、测试及维护	套	2	
7	供电系统	提供电力支持			
8	控制盘	用于操作实训、测试及维护	台	1	
9	电缆	提供室内与室外的设备连接，同时用于教学测试	m	根据需要	
10	笔记本计算机（带并口、PC-MCIA接口）	用于ATP轨旁单元诊断	台	1	
11	车辆运行模拟器	用于ATP/ATO车载设备单元	台	1	
12	无线电对讲机	用于车上、车下作业联系	个	2	
13	沙盘	综合演练	套	1	

（三）毕业顶岗实习管理

顶岗实习是教学工作的一个重要组成部分，同时也是本专业需要重点解决的内容之一，由于轨道交通专业的特殊性，对安全性要求较高，能够提供学生顶岗实习的单位并不多，因此，需要重点从区域实际，学院实际，与合作院校及实习单位共同开展此项工作。

顶岗实习的制度参照机电工程学院顶岗实习相关制度和管理流程执行。

第二部分

机电平台课程标准

课程1 机械基础

课程名称：机械基础
课程性质：机电平台课
建议学时：48学时（理论24学时、实践24学时）
适用专业：城市轨道交通机电技术

一、前言

（一）课程定位

机械基础是机电类专业的一门平台课程，在专业学习中起承上启下的作用。该课程主要研究构件的受力与承载能力分析、机械工程材料的性能和用途、常用机构、机械传动的组成、传动原理、运动特性、机械零件的结构特点及性能等内容。课程设置的目的是，通过本课程的学习与实践，培养学生的机械认知能力、分析与应用能力、创新能力，为学生学习后续的专业课程提供一个专业基础知识平台，为后续课程学习、毕业设计及解决生产实际问题打下重要基础。

先导课程有机械制图，并行课程有电工基础、电子技术，后续课程有机电类专业核心课程等。

（二）教学设计思路

本课程标准以机电类专业学生的就业为导向，根据行业专家对专业所涵盖的岗位群进行的任务、职业能力分析和知识的要求，以专业教学计划培养目标为依据，以学生发展为本位，设计课程内容。在遵循"以应用为目的，必需、够用"的原则下，培养学生的机械系统分析、创新能力和综合知识应用能力，将工程力学、机械工程材料、机械设计基础三门课程有机整合为机械基础，按结构、原理、分析的主线，形成课程教学内容的模块化结构，让学生掌握分析解决工程实际中简单力学问题的方法，掌握常用机械工程材料的性能、用途及选用，在了解常用机构、机械传动、机械零部件的基本知识及理论的基础上，学会分析、选用机械零件及使用维护简单机械传动装置，同时在整个教学过程中使学生学会运用标准、规范、手册、图册等有关资料，培养学生初步解决工程实际问题的能力。在教学过程中注重引导学生将一般机械知识与该专业的知识相融合，发展职业能力。

二、课程目标

（一）知识目标

（1）掌握构件受力分析的方法和承载能力分析。
（2）掌握常用机械工程材料类型、性能与用途。

(3)熟悉常用的热处理工艺特点、应用。

(4)掌握平面机构运动简图的绘制。

(5)掌握平面连杆机构、凸轮机构、间歇运动机构等常用机构的组成、工作原理、性能特点及应用。

(6)掌握齿轮传动、带传动、链传动等各种机械传动的工作原理、特点、应用与维护。

(7)掌握常用机械零部件的作用、类型、特点及应用。

(二)能力目标

(1)能够分析解决工程实际中简单力学问题。

(2)能够对常用机械工程材料进行合理选用。

(3)能描述常用热处理工艺、操作方法。

(4)能绘制及识读简单机构运动简图,具有分析、选用机械零件及常用机构、机械传动装置的能力。

(5)能查阅标准、规范、手册、图册,并能运用相关资料。

(三)素质目标

(1)结合专业课程,培养学生理论联系实际的专业学习作风。

(2)培养学生吃苦耐劳、严肃认真的工作作风和爱岗敬业的良好职业道德。

(3)培养学生观察问题、提出问题、分析问题与解决问题的能力和创新精神。

(4)训练和培养学生自觉遵守规章制度、树立安全第一的观念。

(5)培养学生适应新环境能力、协调与沟通能力、团队合作能力。

三、课程内容与要求

课程内容分为5个模块:机械工程材料、构件的静力分析与承载能力分析、常用机构、机械传动、机械零件。采用课内讲授、案例分析、实验相结合的教学模式,教学内容围绕基础性和前沿性进行,以培养学生创新思维和实践能力为目的,集传统教学方法及多媒体、案例分析、实验、网络资源等现代教育手段,理论联系实际,融知识传授、能力培养和素质教育于一体,并重视培养学生的职业道德、实际动手能力、适应能力、可持续发展能力,提高学生的技术应用能力和综合素质,为后续课程学习、解决生产实际问题打下重要基础。其课程内容与要求如表2-1所示。

四、实施建议

(一)教材选用和编写建议

1. 教材选用

本课程教材主要采用机械工业出版社出版、曾德江主编的《机械基础》(少学时),2012年6月。

2. 教材编写原则与要求

(1)必须依据本课程标准编写教材,教材应充分体现以工作任务为中心组织课程内容和课程教学的设计思想。

(2)教材应将本专业职业活动,分解成若干典型的工作项目,按完成工作项目的需要组织教材内容,引入必需的理论知识,强调理论在实践过程中的应用。

表 2-1

机械基础课程内容与要求

序号	工作项目	能力要求	实验参考	教学设计	参考学时
1	模块一 机械工程材料	**知识：** 1. 掌握材料力学性能的物理意义、表示方法 2. 掌握钢材类、铸铁、有色金属及其合金、非金属材料的类型、牌号、性能特点及应用 3. 掌握钢的热处理工艺方法的特点及应用 4. 了解材料常用加工方法的原理、特点及应用 **技能：** 1. 能识别常用金属材料并能正确选用 2. 能正确选用热处理方法	**必做：** 准备铁碳合金、有色金属及合金、非金属材料等 7 种材料，查找该类材料的相关知识 **选做：** 材料硬度测试	1. 班级分组 2. 布置任务（准备各类材料，查找该类材料的相关知识、热处理相关知识，自身的认识） 3. 各组举例讨论汇报 4. 讲解知识点（结合专业课程中涉及零件选材和热处理方法分析讲解） 5. 讨论与总结	8
2	模块二 构件的静力分析与承载能力分析	**知识：** 1. 掌握静力学的基本公理、力矩与力偶的概念及表示方法 2. 掌握构件受力分析、绘制受力图的方法 3. 熟悉构件基本变形的受力和变形特点 4. 掌握构件变形时的内力、应力 5. 掌握构件变形的强度条件 **技能：** 1. 会进行构件受力分析并能正确绘制受力图 2. 会进行构件的承载能力分析	**必做：** 设计 1 个受力构件与承载能力分析实验 **选做：** 桥梁静力分析	1. 案例分析讲解知识点 2. 课堂练习（绘制构件的受力图） 3. 讨论与总结	4
3	模块三 常用机构	**知识：** 1. 了解机器与机构、零件与构件的特点 2. 掌握运动副的概念、分类、特点及机构运动简图的绘制方法 3. 了解平面连杆机构、凸轮机构、间歇运动机构的组成、类型、特点及应用 4. 掌握平面连杆机构、凸轮机构、间歇运动机构的工作原理及工作特性 **技能：** 1. 能进行机构运动简图的绘制 2. 能识别机器中的各类平面连杆机构、凸轮机构、间歇运动机构，并能描述其应用原理	**必做：** 1. 平面连杆机构的认知 2. 凸轮机构的认知 3. 间歇运动机构的认知 **选做：** 平面连杆机构、凸轮机构、间歇运动机构模型制作	1. 常用机构演示 2. 提出问题 3. 观察现象，分组讨论汇报 4. 讲解知识点（各类常用机构的原理、演化、特点及应用） 5. 讨论与总结	8

续上表

序号	工作项目	能力要求	实验参考	教学设计	参考学时
4	模块四 机械传动	**知识：** 1. 了解各类齿轮传动、带传动、链传动的类型、特点及应用 2. 掌握齿轮各部分的名称、基本参数及几何尺寸 3. 掌握齿轮传动正确啮合条件与失效形式 4. 掌握 V 带及带轮结构、滚子链及链轮结构 5. 掌握齿轮传动、带传动、链传动的安装与维护方法 6. 了解轮系的功用、类型、特点及应用 7. 掌握定轴轮系、行星轮系传动比的计算方法 **技能：** 1. 能描述齿轮传动、带传动、链传动的工作原理 2. 能进行齿轮传动、带传动、链传动的安装与维护 3. 能正确分析定轴轮系、行星轮系的应用原理 4. 能进行定轴轮系、行星轮系传动比的计算	**必做：** 1. 齿轮传动的认知 2. 轮系的认知 **选做：** 1. 带传动的认知 2. 链传动的认知	1. 案例演示 2. 提出问题 3. 观察现象，分组讨论汇报 4. 结合实际机械传动讲解知识点（齿轮传动、轮系、带传动、链传动的类型、原理、特点、应用及维护等） 5. 课堂练习（轮系传动比的计算） 6. 讨论与总结	16
5	模块五 机械零件	**知识：** 1. 掌握螺纹联接、键、销联接的类型、特点和应用 2. 掌握螺纹联接的预紧和防松 3. 掌握轴、轴承的功用、类型、结构、特点及应用 4. 掌握滚动轴承组成、类型、代号及选用 5. 掌握轴承的润滑与密封方法 6. 掌握联轴器、离合器的功用、类型、结构、工作原理、特点、应用及异同 **技能：** 1. 能正确使用螺纹联接、键、销联接、轴承 2. 能识别滚动轴承的类型 3. 能判别轴的结构的合理性，并能进行轴上零件的正确定位与调整 4. 能描述联轴器、离合器的功用、工作原理与异同	**必做：** 1. 螺纹联接件、键、销、轴承的认知 2. 联轴器、离合器的认知 **选做：** 轴的结构及轴上零件定位的认知	1. 班级分组 2. 观察螺纹联接件、键、销、轴承、轴及轴系组件实物 3. 分组讨论 4. 结合实际机械零部件讲解知识点 5. 讨论与总结	12
合计					48

(3)教材应图文并茂,提高学生的学习兴趣,加深学生对机械基础知识的认识和理解,教材表达必须精炼、准确、科学。

(4)教材内容应体现通用性、实用性、先进性,使教材更贴近本专业的发展和实际需要。

(5)教材中的活动设计的内容要具体,并具有可操作性。

3. 教学参考资料使用建议

(1)《机械基础》,高等教育出版社, 刘跃南,2005 年出版。

(2)《机械基础》,机械工业出版社,吴细辉,2012 年出版。

(3)《机械基础》,高等教育出版社,倪森涛,2000 年出版。

(4)《机械基础》,湖南大学出版社,张群生、黄朗宁,2009 年出版。

(二)教学建议

(1)加强教学资源库和教材建设,不断丰富和完善多媒体课件和网络教程的内容,进一步完善实验室建设。

(2)本课程是一门应用性很强的课程,在教学过程中可采用多种教学方法增强感性认识。

(3)在教学过程中,全面了解学生的实际情况,以学生为主体,因势利导地启发学生思维,指导学生如何观察、分析、归纳问题,引导学生解决学习过程中的困难,并在此过程中,可设计学生间分组协作学习方式,侧重培养学生的沟通能力、团队协作能力。

(4)在教学过程中,增强实践性教学环节,通过组织学生参观常用机构设备陈列室和各类机械设备陈列,加强对学生实际应用能力的培养。

(5)在教学过程中,要重视与后续专业课程相衔接,体现实用性和可持续发展性。

(6)教学过程中加强安全教育,提高安全意识,培养学生严谨的工作态度。

(7)教学过程中教师应注重学生综合素质的培养,将创新思维和创新理念渗透到教学过程中,积极引导学生提升职业素养,注重学生综合素质的培养。

(三)教学考核评价建议

(1)采用过程性评价与目标评价相结合的评价模式。

(2)关注评价的多元性,结合课堂提问、学生作业、平时测验、实验实训及考试情况、学习态度、团队合作精神、交流及表达能力、组织协调能力综合评价学生成绩。

(3)应注重学生运用知识分析、解决问题能力的考核,对在学习和应用上有创新的学生应予特别鼓励,全面综合评价学生能力。

(4)最终考核结果构成:过程考核占 30%、目标考核占 50%、方法能力评价占 20%。

(四)课程资源的开发与利用

(1)开发本课程的教学资源库,如课件、动画、微课、实训指导书、习题等教学资料。

(2)积极开发和利用学校图书馆、校园网提供的课程资源:相关的图书及报刊、杂志、音像资料等,网络资源(数字图书馆、电子书籍等)。

(3)进一步建设本课程的实验设施,满足实验教学和机械基础应用能力培养的要求。

(五)其他说明

本课程的内容可根据培养对象的方向进行筛选,此外根据学院的实验条件适当调整,达到专业培养目标的要求。

课程2 机械制图

课程名称:机械制图
课程性质:专业基础课
建议学时:48学时
适用专业:城市轨道交通机电技术

一、前言

(一)课程定位

机械制图是机电类专业重要的基础课程之一。本课程的主要任务是培养学生具有一定绘制和识读机械图样的能力、空间想象和思维能力。本课程通过一定的生产实践与较多的练习达到上述能力。

机械制图在机电一体化技术、汽车制造与装配技术等机电类专业中有着重要的地位。课程设置目的是,通过本课程的学习和实践,为本专业后续核心课程的学习奠定基础,增强学生综合分析问题和解决问题的能力以及实践操作的技能。通过本课程的学习使学生更好地学习和掌握机电类零部件的结构组成与工作原理,能运用识图知识分析机电机械系统构造与工作原理,从而指导机电类专业基本识图的方法。

(二)教学设计思路

本课程是依据机电类专业人才培养方案中对机械制图的要求将工作任务分为7个学习情境,先让学生对零件与机械加工工艺流程有一定的了解,再通过机械制图基本知识、投影法的学习、机件三视图的画法、零件图与装配图的识读、零件测绘学习情境的学习,掌握本课程的学习目标。

本课程项目设计以识读部件零件图与装配图为线索来进行,并最终达到掌握看图与零件测绘的学习目标。在教学过程中,通过校企合作、校内实训基地建设等途径,采取工学结合、开放实训室等形式,充分开发教学资源,为学生提供充分的实践机会。通过过程评价、知识评价和实践操作评价的形式来评定项目教学,对项目评价的重点要突出实践操作的评价,以此重点反映学生对相关知识的掌握,并体现学生对相关职业能力的掌握程度。课程教学评价以各项目按比例构成。

二、课程目标

(一)知识目标

(1)掌握制图的基本知识与技能。

(2)掌握正投影的基本理论——三视图的形成及投影关系。

(3)能绘制和识读中等复杂组合体的三视图。

(4)掌握机件表达方法。

(5)熟悉标准件、常用件的规定画法。

(6)掌握绘制和识读中等复杂的零件生产图。

(7)掌握装配图的画法及识读方法。

(8)掌握零部件的测绘方法,培养徒手绘图及尺规绘图的基本技能。

(二)能力目标

(1)能自觉学习和使用新标准、新技术。

(2)具备机械产品的图样识读和测绘的职业能力。

(3)能够正确、完整、清晰传达产品信息,完成符合国家标准规定的表达方法与尺寸标注。

(4)通过学习本课程使学生养成一丝不苟、勤学苦练、严格要求、精益求精的学习态度与工作作风。

(5)养成严格遵守、认真贯彻有关国家制图及机械行业标准的行为规范,为今后继续遵守行业规范奠定基础。

三、课程内容与要求(表2-2)

四、实施建议

(一)教材选用和编写建议

1.教材选用

本课程主教材暂使用机械工业出版社、人民交通出版社股份有限公司出版的高等职业教育机电类专业规划教材。

2.教材编写原则与要求

在编写本课程教材中遵守机械制图标准和机电类专业人才培养方案。

3.教学参考资料使用建议

主要参考书及参考资料如下:

(1)《机械制图》,高等教育出版社;

(2)《机械制图》,机械工业出版社。

(二)教学建议

机械制图是一门理论与实践相结合的课程,在教学过程中有目的地带领学生到机械加工实习车间和企业参观实习。让学生了解零件加工的过程和零件的形状特点,增加学生对形体和零件的认知能力,培养学生的空间想象能力,为更好地学习本课程打下基础。在零件测绘课程中,学生经过零件测绘实践,能加深对识读装配图的理解,使学生的看图能力有所提高。

(三)教学考核评价建议

(1)本课程成绩考核内容包括学生平时作业情况、大作业情况、考勤情况等综合考核。

机械制图课程内容与要求 表 2-2

序号	工作内容	能力要求	项目	教学设计	参考学时
1	模块一 绘制平面图形	**知识：** 1. 能正确使用制图中使用的常用国标 2. 能对平面图形进行图形分析及绘制 3. 能对平面图形进行正确的尺寸标注 4. 能正确使用绘图仪器 5. 能严格遵守、认真贯彻有关国家制图标准 **技能：** 能正确绘制平面图形	**必做：** 吊钩的绘制 **选做：** 挂轮架的绘制	1. 下达任务书，查阅资料 2. 以吊钩或挂轮架零件实物为载体分析工程图样上的有关技术信息，分析如何将实物转换为工程图样 3. 各组列出工作计划，确定最佳工作方案 4. 合理选用工具和正确使用工具 5. 准确绘制图形及尺寸标注 6. 小组学生互相检查，点评 7. 完善工作方案	4
2	模块二 绘制基本体三视图	**知识：** 1. 能分析平面立体与曲面立体的形体特征 2. 能熟练绘制点、线、面的三面投影 3. 能熟练绘制多方位放置的基本体的三视图 4. 能分析截切和相贯体的形成过程，并绘制截交线与相贯线 5. 建立空间形体的概念 **技能：** 能绘制基本体及基本体的截交线与相贯线的三面投影，能正确补画截切与相贯体的缺线	**必做：** 轴承座三视图的识读和绘制	1. 下达任务书，查阅资料 2. 以轴承座零件载体为载体分析点、线、面的投影规律，三视图投影特征及其绘图的方法和步骤 3. 各组列出工作计划，确定最佳工作方案 4. 合理选用工具和正确使用工具 5. 准确绘制图形及尺寸标注 6. 小组学生互相检查，点评 7. 完善工作方案 8. 建议安排学生自己动手制作模型（橡皮泥、萝卜等）	10
3	模块三 绘制组合体三视图	**知识：** 1. 能分析组合体的组合形式及形体的形状特点 2. 能对组合体进行形体分析及进行三视图的绘制 3. 能对组合体进行尺寸标注 4. 能根据三视图（视图）想象形体空间形状 5. 能区别形体与零件之间的关系 **技能：** 1. 正确用三视图表达形体的形状 2. 准确识读与标注组合体尺寸 3. 识读三视图表达的形体形状特点	**必做：** 支座三视图识读和绘制	1. 下达任务书，查阅资料 2. 以支座零件为载体，分析组合体的组合形式及表面连接关系，掌握形体分析的方法 3. 各组列出工作计划，确定最佳工作方案 4. 合理选用工具和正确使用工具 5. 准确绘制图形及尺寸标注 6. 小组学生互相检查，点评 7. 完善工作方案	8

续上表

序号	工作内容	能力要求	项目	教学设计	参考学时
4	模块四 绘制机械零件图形	**知识：** 1. 能对机件进行分析，确定最佳表达方案 2. 能熟练识读与应用国家标准规定的视图方法（基本视图、斜视图、局部视图） 3. 能将三视图改画成剖视图（复杂零件） 4. 能识读并用任意表达方法（国标规定）表达的机件 **技能：** 准确、清晰、完整抄画较复杂机件的表达图	**必做：** 轴承座零件的绘制 **选做：** 阀体类零件的绘制	1. 下达任务书，查阅资料 2. 以典型零件为载体，根据典型零件选择正确的表达方法，绘制典型零件工作图 3. 各组列出工作计划，确定最佳工作方案 4. 合理选用工具和正确使用工具 5. 准确绘制图形及尺寸标注 6. 小组学生互相检查，点评 7. 完善工作方案	8
5	模块五 标准件与常用件的画图	**知识：** 1. 能正确识读与绘制标准件和常用件的规定画法与标注 2. 能查表了解标准件与常用件的各项参数 **技能：** 识读与绘制标准件和常用件	**必做：** 轴类零件绘制 **选做：** 支架零件绘制	1. 下达任务书，查阅资料 2. 以支架零件为载体，演示其基本视图、向视图、局部视图、斜视图的画法与标注 3. 各组列出工作计划，确定最佳工作方案 4. 合理选用工具和正确使用工具 5. 准确绘制图形及尺寸标注 6. 小组学生互相检查，点评 7. 完善工作方案	4

续上表

序号	工作内容	能力要求	项目	教学设计	参考学时
6	模块六 零件图识读	**知识：** 1. 知道零件图所包含的内容 2. 能正确识读零件图上的技术要求 3. 能识读中等复杂零件图 **技能：** 正确识读零件图上所有内容	**必做：** 轴套类零件识读 **选做：** 盘盖类零件、支座零件、箱体零件识读	1. 下达任务书，查阅资料 2. 以轴套类、盘盖类零件、支座零件、箱体零件为载体，讲授识读方法，学生掌握读图的方法 3. 各组列出工作计划，确定最佳工作方案 4. 合理选用工具和正确使用工具 5. 准确绘制图形及尺寸标注 6. 小组学生互相检查，点评 7. 完善工作方案	6
7	模块七 装配图识读	**知识：** 1. 识读装配图上的几种重要的表达方法 2. 能根据装配图了解零件之间的装配关系与装配要求，正确装配零部件 3. 能根据部件装配图了解其工作原理 **技能：** 看懂装配图的装配关系与工作原理	**必做：** 齿轮油泵装配图的识读 **选做：** 减速器装配图的识读	1. 下达任务书，查阅资料 2. 以齿轮油泵为载体演示零部件测绘的方法、步骤，学生熟悉齿轮油泵的工作原理、零件结构及装配关系、装配结构，掌握齿轮油泵拆装顺序 3. 各组列出工作计划，确定最佳工作方案 4. 合理选用工具和正确使用工具 5. 准确绘制图形及尺寸标注 6. 小组学生互相检查，点评 7. 完善工作方案	8
合计					48

(2)本课程考核按照课程标准中考核要求进行考核,考勤占10%、平时作业占20%、大作业占30%、理论测试占40%。

(3)学生完成本课程的要求:平时作业、大作业所画图形必须一丝不苟、绘图正确、图线清晰、布局合理,同时在部件测绘过程中注意与其他同学的团结协作,不焦不躁、心平气和地完成工作任务。

(四)课程资源的开发与利用

(1)积极开发和利用校园网络课程资源,充分利用诸如电子书籍、电子期刊、数据库、数字图书馆、教育网站和电子论坛等网上信息资源,使教学手段和教学方法多样化,提高学生学习兴趣。

(2)建立学习资料库,推荐与专业有关的网站地址,积极引导与培养学生自主学习、资料查询等能力。

(五)其他说明

(1)鉴于高职生源的多样性,在实施中要编好小组,宜于取长补短,共同提高。

(2)指导教师在进行示范过程中要适时提供相关资料的索引,让学生自己去查阅,确保按时完成任务。

(3)能力培养要求:着重培养学生的自学能力,动手操作能力和分析问题、解决问题的能力。

(4)主讲教师根据本课程标准制订具体的授课计划。

课程3　电 工 基 础

课程名称:电工基础
课程性质:机电平台课
建议学时: 32 学时
适用专业:城市轨道交通机电技术

一、前言

机电工程学院于2015年上半年对本分院的机电一体化、城市轨道交通控制、电气化铁道技术、电气自动化、汽车制造与维护、工程机械控制、工程机械运用与维护专业的教学进程表进行了统一的改革,将教学计划划分了几大平台,分别是公共课程、机电平台、专业基础、核心平台、拓展平台、综合实践平台、选修课,并在2015~2016学年的第一学期开始试行。电工基础课程是机电平台中的一门重要专业基础课程。

(一)课程定位

本课程是机电工程学院几个专业公共的机电平台课程,是一门重要的专业技术基础课,也是非机电类学生专业知识的重要组成部分,属于一门具有较强实践性的技术基础课程,在后续课程的学习和人才培养过程中起着十分重要的作用。

通过本课程的学习,培养学生掌握和运用电工技术的基本理论、基本知识和基本技能,使学生能够具有一定分析和解决电工相关技术问题的实际能力,了解电工事业的最新发展和应用前沿,为学习后续课程以及从事专业的技术工作打下一定的基础,从而进一步培养学生的工程意识、创新能力和全面的专业素质。

(二)教学设计思路

电工基础的理论性、应用性较强。为体现其专业特点和课程特点,本课程采用理论为主、介绍应用性为辅的教学思路,采用"项目教学法",分情境实施教学,每一模块安排其对应的教学内容,由浅入深、逐步递进。把重点放在后续专业课有用的知识点,结合专业特点,教学遵循学以致用原则,结合生产生活实际,使每一教学内容有具体的目的、明确的任务,强调教学内容与岗位实际、专业课的紧密联系,通过师生共同参与、共同努力,达成教学目标。

课程教学内容与高中物理课程衔接得当,课程内容设计符合高技能人才培养目标和专业相关技术领域职业岗位(群)的任职要求,学习完本课程应达到"中级维修电工"职业资格证要求。具体教学内容设计如表2-3~表2-5所示。

直流电路教学内容一览表

表 2-3

工作任务 \ 知识点	电路基础知识	电路基本物理量	万用表的认识与使用	电阻的串联和并联	欧姆定律	电压源与电流源	电路的基本状态	基尔霍夫定律
1. 单电源供电电路设计与仿真	★	★	★	★	★			
2. 双电源供电电路设计与仿真	★	★	★	★	★	☆	☆	☆

单相交流电路教学内容一览表

表 2-4

工作任务 \ 知识点	安全用电基本知识	正弦交流电基本知识	单相交流电路	RLC 串联电路	示波器的认识与使用	功率与功率因数	交流铁芯线圈	变压器
1. RLC 选频电路	★	★	★	★	★	★		
2. 变压器的认识与测试	★	★	★	★	★	★	☆	☆

三相交流电路教学内容一览表

表 2-5

工作任务 \ 知识点	安全用电基本知识	交流发电机	三相负载的连接	三相异步电动机	常用低压电器	三相异步电动机全压直接启动	三相异步电动机正反转控制
1. 三相负载的连接	★	★	★				
2. 电动机启保停控制电路安装与调试	★	★	★	☆	☆	☆	
3. 电动机正反转控制电路安装与调试	★	★	★	★	★	★	☆

每个教学项目的实施都按照“获得资讯→绘制电路→模拟仿真→实物连接→调试检测→总结汇报”的步骤来进行，并且项目是按“由易到难、由直流到交流、由单相到三相”的知识结构递进的。每个小的工作任务则是按照“由单项到简单系统，由简单系统到复杂系统”的方式进行设计的。

二、课程目标

以职业岗位需要作为课程目标，通过该课程的学习，使学生掌握电工技术的基本知识和基本技能，初步形成解决生产现场实际问题的应用能力；培养学生的思维能力和科学精神，培养学生学习新技术的能力；提高学生的综合素质，培养创新意识。应加强与企业合作，共同确定机电技能型人才职业岗位要求，更好地制订人才培养目标方案。

（一）知识目标

（1）掌握电路的基础知识。

（2）掌握安全用电常识，知道基本防范措施与应对措施。

（3）掌握电路的基本分析方法，对电路进行分析和简单计算。

（4）掌握基本电气元件的结构与功能。

（5）理解正弦交流电路基本概念，了解正弦交流电路基本定律的相量形式，学会分析计算一般的正弦交流电路。

（6）掌握对称三相交流电路电压、电流、功率的计算方法，了解三相四线制供电系统中线的作用和负载的正确接法。

（7）了解三相异步电动机的工作原理、结构特点和额定值等。

（8）了解常用低压电器结构和功能，能读懂简单的控制电路原理图，能连线操作。

（9）掌握常用电工仪表的功能及正确使用方法，了解测量误差的意义，能够正确选用仪表类型、量程。

（10）知道变压器的结构和分类，会计算变压器的变压比、变流比，了解变压器的应用。

（二）能力目标

（1）懂得如何防止触电以及发现触电者后如何脱离电源，对触电者如何进行简单急救。

（2）掌握接地、接零的基本概念，并能正确选择接地、接零保护。

（3）正确使用常用的电工工具、电工仪表，并对其进行常规维护。

（4）知道线路敷设的基本类型和敷设工艺，会对简单线路进行敷设施工。

（5）能够分析变压器的工作原理，对变压器进行检测。

（6）能够对单相负载和三相负载进行正确的电路连接。

（7）能读懂电气控制接线图，进行室内简单照明电路的安装。

（8）掌握三相异步电动机的原理、构造和简单控制。

（9）能读懂电动机控制接线图，能够进行三相异步电动机的全压直接起动控制电路。

（10）项目完成后能独立完成项目分析报告。

（11）每个学生必须严格遵守项目教学的纪律和有关制度，要注意用电安全。

（三）素质目标

（1）养成良好的用电安全规范操作意识。

（2）规范地使用相关仪表工具。

（3）通过小组讨论、小组分工协作等方法的锻炼，使学生具备团队合作意识和沟通能力。

（4）具有良好的职业道德，遵纪守法，能够奉献、负责、务实。

（5）培养全局意识，锻炼学生的自律能力，增强其责任感。

（6）锻炼学生利用书籍或网络获得相关信息的能力。

三、课程内容与要求

在课程体系设计上避免与后续课程重复，课程内部内容构建符合学生认知和操作的规律，体现课程的特色，为专业服务和职业岗位能力的培养服务。课程内容与要求见表2-6。

表 2-6

电工基础课程内容与要求

序号	学习模块	工作任务	能力要求	实验参考	教学设计	参考学时
1	直流电路	1. 单电源供电电路设计与仿真 2. 双电源供电电路设计与仿真	**知识：** 1. 掌握电路的基础知识 2. 掌握电路中的基本物理量 3. 学会使用万用表测量直流电和电阻、电感、电容 4. 掌握电路的三种状态 5. 掌握电阻的串并联电路的特点、欧姆定律、基尔霍夫定律及电流电压的关系 **技能：** 1. 能够正确使用常用的电工工具、电工仪表进行直流电路的连接与测量 2. 能够识别电气元件的符号，根据电气元件的特性，利用基础定律分析电路的工作原理 3. 学会绘制简单的电路原理图 4. 能够按照电路图正确连接电路	**必做：** 1. 万用表测量直流电 2. 电阻的串联和并联电路 3. 基尔霍夫定律	1. 班级分组 2. 查询电路基础知识并讨论交流 3. 学习交流万用表的使用，分组进行实验一 4. 完成实验报告	3
					1. 学习电阻的串联与并联、欧姆定律相关知识并交流 2. 熟悉实验台，分组进行实验二 3. 完成实验报告	3
					1. 查阅资料，获取电压源与电流源、电路的状态和基尔霍夫定律相关知识 2. 分组交流讨论 3. 熟悉实验台，分组完成实验三 4. 完成实验报告 5. 结果汇报与评比	4
2	单相交流电路	1. RLC 选频电路 2. 变压器的认识与测试	**知识：** 1. 掌握单相交流触电基础知识，知道基本防范措施与应对措施 2. 掌握单相正弦交流电路基础知识，R、L、C 在交流电路中与在直流电路中的异同 3. 掌握万用表测量交流电流与电压的方法 4. 知道单相交流电路功率的计算 5. 知道变压器的结构和分类，会计算变压器的变压比、变流比，了解变压器的应用 6. 学会示波器的操作方法 **技能：** 1. 能够正确使用常用的电工工具、电工仪表进行交流电路的连接与测量 2. 能够用测电笔测量火线和零线 3. 能够对变压器进行检测 4. 能够进行单相交流电路的连接与调试 5. 学会分析、绘制电路图并进行简单设计	**必做：** 1. 万用表测量交流电及电容、电感 2. 示波器的认识与使用 3. RLC 串联谐振电路 4. 单相铁芯变压器特性的测试	1. 查询单相触电种类和应对方法，并模拟演示 2. 提出工作任务要求 3. 单相交流电基础知识的获取与分析 4. 小组发言并信息整合 5. 分组完成实验一、实验二，提交实验报告	4
					1. 获取 RLC 串联电路相关资讯，并制作 PPT 展示交流 2. 分组完成实验三，提交实验报告 3. 总结与评比	3
					1. 获取变压器相关资讯，并制作 PPT 展示交流 2. 分组完成实验四，提交实验报告 3. 总结与评比	3

续上表

序号	学习模块	工作任务	能 力 要 求	实验参考	教 学 设 计	参考学时
3	三相交流电路	1. 三相负载的连接 2. 电动机启保停控制电路连接与调试 3. 电动机正反转控制电路连接与调试	**知识：** 1. 掌握三相交流触电基础知识，知道基本防范措施与应对措施 2. 掌握三相电源的连接方式 3. 掌握常用低压电气设备的工作原理和电气符号 4. 知道三相交流异步电动机的结构与工作原理 5. 知道三相交流电路线电压与相电压、线电流与相电流之间的关系，以及三相功率的计算 **技能：** 1. 掌握三相异步电动机的结构和工作原理 2. 掌握常用低压电气设备的正确使用 3. 能绘制并分析电动机控制接线图 4. 能够进行三相异步电动机的全压直接起动控制电路	**必做：** 1. 三相负载的Y—△连接 2. 三相交流异步电动机的点动、自锁控制电路 3. 三相交流异步电动机的正反转控制电路	1. 查询单相交流触电种类和应对方法，并模拟演示 2. 提出工作任务要求 3. 单相交流电基础知识的获取与分析 4. 小组发言并信息整合 5. 分组完成实验一，提交实验报告	4
					实验二、实验三执行下列步骤： 1. 提出工作任务要求 2. 信息获取与讨论 3. 小组发言并信息整合 4. 电路设计并绘制电路图 5. 电路连接与调试 6. 完成实验报告，并做 PPT 汇报 7. 总结与评比	8
合计						32

四、实施建议

(一)教材选用和编写建议

1. 教材选用

本课程应用自编校本教材。教学内容采用模块结构,授课教师应根据教学要求,合理选用相应教材,并对教材内容做适当的整合与处理。

2. 教材编写原则与要求

教材的编写要体现课程的性质、价值、基本理念、课程目标以及内容标准。

教材编写应注重实践性教学环节,注重学生工程实践、创新能力的培养与综合素质的提高。教材编写重点放在引导学生如何面对一个电系统的整体角度分析并解决问题,引导学生能够解决应用上可能出现的问题,将传授知识和发展能力结合起来。

本课程教材的编写应以教育部《关于加强高职高专教育人才培养工作的意见》为指导,以适应社会需要为目标,以培养技术应用能力为主线,以理论知识的必需、够用为原则进行。所选择的素材来源于电工技术过程中的现象和实际问题,反映一定的科学价值,能够表现出不同内容之间的相互联系。

教材内容的编排和呈现突出知识的形成与应用过程;引导学生从已有的知识和经验出发,进行自主探索与合作交流,并在学习过程中逐步学会学习技巧;关注对学生人文精神的培养。教材的编写还应调动教师的主动性和积极性,鼓励教师进行创造性教学。

教学编写体现出职业技术教育特色,并具有一定的弹性。教材编写时,充分考虑与其他课程资源的开发和利用相结合。

3. 教学参考资料使用建议

电工技术相关教学参考资料较多,在学习过程中仅是从中选取需要的章节内容进行参考,可以在图书馆查阅电工基础或电工技术相关书籍,或者可以直接利用网络资源进行搜索查询,以满足对理论知识掌握的需求。

(二)教学建议

在教学活动中要从学生实际出发,创设有助于学生自主学习的情境,引导学生通过实践、思考、探索、交流,获得知识,形成技能,发展思维,学会学习,促进学生在教师指导下主动地、富有个性地学习。

在教学活动中,教师应发扬以学生为主体,使学生成为学习专业知识的组织者、引导者、合作者;要善于激发学生的学习潜能,鼓励学生大胆创新与实践,要创造性地使用教材,积极开发利用各种教学资源,为学生提供丰富多彩的学习素材;注意电工技术的新发展,适时引进新的教学内容。按照学生学习的规律和特点,以学生为主体,充分调动学生学习的主动性、积极性。

在教学活动中要积极改进教学方法,课堂教学应多采用模型、实物,重视现代教育技术在教学中的应用,理论联系实际,启迪学生的科学思维。实践教学中验证性实验与技能训练相结合,以实际操作为主,着重学生技术应用能力的形成与发展。

教学活动可根据内容特点在专业教室或实训基地进行。

(三)教学考核评价建议

按照“加强基础、培养能力、提高素质、突出创新”的思路,改革考核的内容、形式和评价体系。综合运用实际操作、小组配合、问题检索相结合的考核形式。

采用多位一体的综合评定方式,将过程性评价和总结性评价相结合、知识性评价和技能性评价相结合。具体考核评价方法是:以小组为单位,结合个人在小组中的表现,采用过程考核的方式进行评价。如表 2-7 所示。

考核评价表 表 2-7

考核内容	考核对象	分值(分)
考勤	个人	10
小组管理	班组	10
小组操作(过程性考核)	自学检索能力 15 分、班组配合 15 分	30
作业	个人	10
期末抽考(实操 + 口试)	个人	40
合计		100

(四)课程资源的开发与利用

我院现在共有 2 个电工电子实验室,天煌实验台 6 个,三向实验台 12 个;电气实验室 1 个,电力拖动设备 14 台,各种工具、仪表、元器件、实训电路板等,能够满足学生实验实训要求。

另外,正在筹建大型电工电子实验室,已购设备有网孔电工实验台 30 台、中级电工考核实验台 20 台、高级电工技师考核实验台 15 台。另有一个虚拟仿真实验室和一个电工电子实验室已经验收,可投入使用。

学院有充足的网络教学资源,图书馆、办公室、计算机网络中心、汽车与机电学院的网络虚拟实验室均接通了网络,教师和学生可以利用网络资源进行教学互动。

学校图书馆的各种图书资料齐全,如中国数字图书馆、中国期刊网、维普数据库等,为学生主动学习提供了极为丰富的扩充性资料,并有效地促进了学生主动学习的效果。

课程 4　电 子 技 术

课程名称：电子技术
课程性质：机电平台课
建议学时：32 学时
适用专业：城市轨道交通机电技术

一、前言

（一）课程定位

电子技术是机电类专业的机电平台课，它涵盖了模拟电子技术和数字电子技术，是一门实用性很强的应用性课程。本课程通过对基本理论与实践教学，要求学生掌握电子技术方面的基础理论、基本知识，并具备对基本电子电路分析、安装、调试、检测的能力，为进一步学习专业课程，提高专业技能以及今后从事实际工作奠定必要的基础。

（二）教学设计思路

本课程以模块化为基本点，遵循高职学生的认知规律以及电路电子课程的特点，强调实用性，突出行业岗位实用能力培养，坚持区域性特色，以岗位能力选择相关知识点、技能点，形成理论与实践、知识与技能相统一的课程模式。

其中，知识以够用、适度为原则，但应具有可持续发展性；技能主要指对行业技术规范、标准、手册与行业生产技术成果的实际应用能力；态度主要指通过课堂、实训等教书育人活动培养学生在实际行动中体现出来的能下到生产一线，全心全意长期从事一线岗位技术工作并作出较大贡献的基本态度。

二、课程目标

（一）知识目标

（1）初步掌握常用电子器件。
（2）掌握基本放大电路基础，了解多级放大器、功率放大器。
（3）掌握集成运算放大器及其应用。
（4）掌握稳压电源的工作原理。
（5）理解组合逻辑电路的设计分析。
（6）掌握触发器的原理及运用。
（7）掌握 555 集成定时器的工作原理及应用。

（二）能力目标

（1）掌握电子仪器设备使用与基本电子元器件测试。

（2）能独立完成直流稳压电源电路安装与测试。

（3）能完成单管放大电路与基本集成运算放大电路的安装与试。

（4）掌握分析基本逻辑电路的能力。

（5）知道基础触发器、555 定时器电路的应用。

（6）会制作简单的基础电子产品。

（7）掌握职业操作规范的能力。

三、课程内容与要求（表 2-8）

四、实施建议

（一）教材选用和编写建议

1. 教材选用

本课程主要使用教材为机械工业出版社出版，由阮立志、裴咏枝主编的高职高专“十一五”机电类专业规划教材《电子技术基础》，参考教材为高等教育出版社、人民交通出版社、电子科技大学出版社等出版的全国高等职业教育规划教材，以此为依据编写教案和讲义。

实践部分以电机拖动实验台为主要设备，配以实验实训必备的工具、电子元器件、测量仪器。实验、实训教案以配套实验、实训指导书为依据，根据实际情况自编教案，进行实训教学。

2. 教材编写原则与要求

高职高专职业院校课程采用一体化模式组织教学已经成为共识。教学环境和工作环境之间相互转化，力求让学生达到所学即所用。针对电子技术的教学遵循理实比例 1∶1 的大方向。新教材应该本着够用原则，在内容选择上更加适合学生的认知水平和认知规律；组织形式上充分体现工作过程的系统化。

3. 教学参考资料使用建议

建议采用多元化方式选择教学参考资料，不仅仅局限于书本和试验台，更应投入到网络中去，紧密了解行业的发展动向，随时关注新兴的电子类事件，定期提高教师自身的发展步伐。

（二）教学建议

教师在教学中应选用灵活多样的教学方式，可采用多媒体教学手段，制作教学、实验课用课件，充分发挥多媒体教学形式多样、信息量大、形象直观的优势，提高教学效率。采用电子仿真软件技术实现软硬结合，强化实践效果，同时将课堂教学与实践紧密结合，在内容上要突出重点，深入浅出，结合教学内容，培养学生独立学习的习惯，努力提高学生的自学能力、动手能力与创新精神，重视对学生学习方法的指导。

实验条件保障，依托优越的实践教学环境、设施、仪器和设备等条件。在实践教学环节，为培养学生对知识理解、知识综合应用和创新实践能力，由老师命题，让学生自主实践、安装、检测，完成实验、实训任务。最大程度的给学生提供自主完成任务的机会。

电子技术基础课程内容与要求

表 2-8

序号	工作项目	能力要求	实验参考	教学设计	参考学时
1	模块一 直流稳压电源	**知识：** 1. 掌握二极管原理与特性 2. 掌握单相整流滤波电路原理 3. 了解稳压电路工作原理 4. 理解直流稳压电源的整体工作过程 **技能：** 1. 能分辨晶体二极管的类型，会用万用表检测二极管的好坏、方向 2. 会进行整流电路的连接与分析 3. 会使用示波器检测相应波形	**必做：** 1. 万用表检测二极管 2. 整流电路的连接与检测 3. 直流稳压电源的调试与测试 **选做：** 直流稳压电源的焊接制作	1. 学生分组 2. 以实物为载体进行原理讲解（分组） 3. 熟悉实验台 4. 仿真软件讲解并使用 5. 分组实验，记录数据 6. 以小组为单位汇报与总结	6
2	模块二 基本放大电路	**知识：** 1. 掌握三极管原理与特性 2. 掌握共发射极放大电路的分析 3. 理解多级放大电路的耦合方式及特点 4. 了解差分放大电路、负反馈放大电路、功率放大电路的性能 **技能：** 1. 能分辨晶体三极管的类型，会用万用表检测三极管的好坏、类型、放大倍数 2. 会找静态工作点并使用示波器辅助调节消除失真	**必做：** 1. 万用表检测三极管 2. 基本放大电路放大性能的验证 **选做：** 简易音响的焊接制作	1. 学生分组 2. 知识点讲解（仿真软件讲解） 3. 熟悉试验台 4. 分组进行试验（仿真或者试验） 5. 分组讨论与总结	8
3	模块三 集成运算放大器	**知识：** 1. 掌握集成运放的典型应用电路 2. 了解加减法运算电路功能 3. 了解电压比较器功能 **技能：** 拥有集成运放电路的管脚排列与使用方法	**必做：** 集成运放典型电路的连接 **选做：** 由集成运算放大器组成的电压比较器测试	1. 学生分组 2. 以实物为载体进行原理讲解（分组） 3. 熟悉实验台 4. 仿真软件讲解并使用 5. 分组实验，记录数据 6. 以小组为单位汇报与总结	4

续上表

序号	工作项目	能力要求	实验参考	教学设计	参考学时
4	模块四 组合逻辑电路	**知识：** 1. 掌握组合逻辑电路的原理 2. 掌握组合逻辑电路的分析与设计 **技能：** 1. 能准确分析组合逻辑电路的功能 2. 能根据实际需要设计组合逻辑电路 3. 能绘制波形图	**必做：** 1. 组合逻辑电路的连接与验证 2. 组合逻辑电路的设计 **选做：** 投票器的焊接制作	1. 学生分组 2. 以实物为载体进行原理讲解 3. 仿真软件讲解并使用 4. 认识数字电路试验台 5. 分组实验，记录数据 6. 以小组为单位汇报与总结	6
5	模块五 触发器	**知识：** 1. 能理解触发器的概念、原理、作用 2. 能理解基本 RS 触发器、JK 触发器、D 触发器的逻辑功能 **技能：** 具有触发器的逻辑功能的系统分析能力	**必做：** 触发器的连接与逻辑分析 **选做：** 3 路抢答器的焊接制作	1. 学生分组 2. 以实物为载体进行原理讲解（分组） 3. 仿真软件讲解并使用 4. 分组实验，记录数据 5. 以小组为单位汇报与总结	4
6	模块六 555 集成定时器	**知识：** 1. 能理解 555 集成定时器的工作原理、作用 2. 认识 555 集成定时器的管脚排列与使用方法 3. 掌握调试的一般方法，进一步熟练测量工具的的使用 **技能：** 拥有 555 集成定时器的逻辑功能的系统分析能力	**必做：** 555 集成定时器的分析与管脚测试 **选做：** 发射器与接收器的焊接制作	1. 学生分组 2. 以实物为载体进行原理讲解（分组） 3. 仿真软件讲解并使用 4. 分组实验，记录数据 5. 以小组为单位汇报与总结	4
合计					32

（三）教学考核评价建议

电子技术为考试课，对学生的考核采用定量方式评价学习成果，即平时成绩、理论考核成绩与实训考核成绩相结合的模式，并采取教考分离的考试形式。

(1)课程平时考核内容(占总成绩的10%)：对学生预习情况、实验操作情况、完成实验报告情况、考勤情况以及遵守实验室规章制度情况进行考核。

(2)课程理论考核内容(占总成绩的40%)：以理论问答或者理论卷面的考试形式全面考核课程内容中要求掌握的基本知识、基本理论。书写认真、对电子元件特性原理回答正确者为优秀；其他根据具体情况分为良、及格；有严重错误，书写不认真、不正确、不完整、不按时完成者为不及格。

(3)综合实训考核内容(占总成绩的50%)：全面考核学生对实训项目完成情况。根据要求，正确画出电路图、接线正确、仪器使用正确、基本操作符合要求，一次试车成功成绩为优；能独立分析处理故障，二次试车成功成绩为良好；三次试车成功成绩为及格；不能画出电路图及四次以上试车成功成绩为不及格。

（四）课程资源的开发与利用

(1)积极开发和利用校园网络课程资源，充分利用诸如电子书籍、电子期刊、数据库、数字图书馆、教育网站和电子论坛等网上信息资源，使教学手段和教学方法多样化，提高学生学习兴趣。

(2)在实操实训过程中，利用仿真教学环境和仿真教学软件优化教学过程，提高教学质量和效率。

(3)建立学习资料库，推荐与专业有关的网站地址，积极引导与培养学生自主学习、资料查询的能力。

(4)主讲教师根据本课程标准制订具体的授课计划。

课程 5　照明配电系统设计与制作

课程名称:照明电路系统设计与制作
课程性质:机电平台课
建议学时:48 学时
适用专业:城市轨道交通机电技术

一、前言

(一)课程定位

本课程是我校机电类专业的一门机电平台课程,以电工基础、电子技术基础的所有理论知识点为基础,着重强调电工电子实践性设计与制作。本课程通过理论与实践结合的教学模式,难度层层递进,最终要求学生拥有设计电路与排除电路故障的能力。本课程实践性强,课程背景广阔,在整个专业课程体系中起着承上启下的作用,是任何电学课程不能替代的。

(二)教学设计思路

本课程按照"以能力为本位,以职业实践为主线,以项目课程为主体的模块化专业设计课程体系"的总体设计要求,以形成电工电路设计、制作、测试与调试等能力为基本目标,彻底打破学科课程的设计思路,紧紧围绕工作任务完成的需求来选择和组织课程内容,突出工作任务与知识的联系,让学生在职业实践活动的基础上掌握知识,增强课程内容与职业岗位能力要求的相关性,提高学生的就业能力。

学习项目选取的基本依据是该门课程涉及的工作领域和工作任务范围,但在具体设计过程中,以机电一体化专业学生的就业为向导,同时遵循高等职业学校学生的认识规律,紧密结合职业资格证书中相关考核内容,确定本课程的工作任务模块和课程内容。

为了充分体现任务引领、实践导向课程思想,使工作任务具体化,产生具体的学习项目,其编排依据是该职业所特有的工作任务逻辑关系,而不是知识关系;依据工作任务完成的需要、高等职业院校学生的学习特点和职业能力形成的规律;依据各学习项目的内容总量以及在该课程中的地位分配各学习项目的课时数。学习程度用语主要使用"了解"、"理解"、"能"或"会"等来表述。"了解"用于表述事实性知识的学习程度,"理解"用于表述原理性知识的学习程度,"能"或"会"用于表述技能的学习程度。

二、课程目标

(一)知识目标

(1)正确识读照明电路中的电气图形符号,了解其他常用电气图形符号。

(2)掌握各个电器原件的原理和作用。

(3)读懂日光灯电路和日光灯电路原理图。

(4)了解启辉器和镇流器在电路中的作用。

(5)掌握双控电路原理图。

(6)掌握照明电路装配图。

(7)会进行简易的电路计算。

(8)掌握交流电路基本计算方法。

(9)了解照明电路的布线工艺。

(10)能自主设计、制作完整的照明电路并安装。

(11)掌握安全用电的规则。

(二)能力目标

(1)会剖削几种常见的导线。

(2)掌握几种常见的导线的接线方法。

(3)掌握根据设计选择线材的方法。

(4)能用万用电表检查和维修电路。

(5)能画出照明电路原理图和装配图。

三、课程内容与要求(表2-9)

四、实施建议

(一)教材选用和编写建议

1. 教材选用

本课程主要以教师自制讲义为主,以教师自制的任务书为辅,结合自制课件进行教学。其次参考实验设备的使用指导书,加入网络资料完善实训项目设计。参考教材为赵福忠主编,中国劳动社会保障出版社出版的技工院校一体化地方特色教材《照明线路安装及室内布线》。

2. 教材编写原则与要求

本课程主要实现教学环境和工作环境之间的相互转化,力求让学生达到所学即所用。新教材应该从实际出发,满足设计制作步骤中够用原则,在内容上更加适合学生的认知水平和认知规律;组织形式上充分体现工作过程的系统化。教材应该以实训指导为主要内容,区分每个项目的知识点和技能点,保证实训难度逐渐上升。

3. 教学参考资料使用建议

建议采用多元化方式选择教学参考资料,不仅仅局限于书本和试验台,更应该投入到网络中去,紧密了解行业的发展动向,随时关注新兴的电子类事件,定期提高教师自身的发展步伐。

(二)教学建议

以"项目为主线,任务为主题",采用"项目导向,任务驱动"相结合的教学模式,实现教、学、做、练一体化。为加强学生创造思维和工程技术素质的培养,根据学生个性特点与发展需要,本课程可灵活采用全班学习、分组学习等学习形式,也可以组建课外兴趣小组进行知识拓展

照明配电系统设计与制作课程内容与要求 表 2-9

序号	工作项目	能力要求	工作步骤	活动设计	参考学时
1	项目一电工基本操作技能	**知识：** 1. 掌握常用电工工具的作用及使用注意事项 2. 掌握安全用电知识 **技能：** 识别常用电工工具，并能熟练使用常用电工工具	常用电工工具的使用	1. 常用电工工具的使用 2. 导线绝缘层的剖削 3. 导线的连接 4. 电工安全技术操作规程	2
2	项目二一居室家用照明系统的设计与安装	**知识：** 1. 自主设计室内照明电路系统 2. 会进行照明电路的简单计算 3. 了解常用电工材料 4. 学会识别使用电器元器件 5. 掌握一控一灯照明电路的工作原理 6. 了解常用电工材料 7. 了解导线的绝缘恢复 8. 了解照明灯具安装的基本原则 9. 掌握二控一灯照明电路的工作原理 10. 掌握交流电路基本计算方法 **技能：** 1. 了解元件的定位和线路的安装 2. 了解电路的通电检测与测试 3. 学会识别使用电器元器件 4. 会根据原理图画装配图 5. 会根据设计选择线材 6. 会根据装配图安装电路 7. 会排除电路故障	1. 项目分析 2. 设计电路 3. 电路仿真	1. 认识基本电气元件的构造和电路连接 2. 认识一控一灯电路连接及电路图 3. 认识两控一灯一插座电路连接及电路图 4. 认识照明电路平面施工图 5. 根据任务绘制电路原理图及照明电路平面施工图 6. 进行电路仿真	18
			4. 工具、材料准备 5. 元器件安装 6. 电路连接	1. 选择照明电路安装所需工具 2. 根据所设计电路图选用导线、元器件和导线 3. 在安装板上固定配电部分元器件 4. 固定照明电路其余元器件 5. 进行配电盘内总线的布线 6. 按照照明电路平面图进行布线	
			7. 电路安全检查 8. 电路调试优化 9. 项目总结	1. 利用万用表等工具检验元器件 2. 进行电路安全检查 3. 通电并进行电路检修和排故 4. 对电路进行优化 5. 进行相应计算并写出项目报告	

续上表

序号	工作项目	能力要求	工作步骤	活动设计	参考学时
3	项目三 两室一厅家用照明系统的设计与安装	**知识：** 1. 自主设计室内照明电路系统 2. 会进行照明电路的简单计算 **技能：** 1. 能根据照明电路的原理图和安装图正确安装电路 2. 能根据设计选择线材，熟练掌握导线的剖削和连接方法及照明元器件的安装和接线 3. 能排除照明电路的故障	1. 项目分析 2. 设计电路 3. 电路仿真	1. 接受任务并分析 2. 根据任务绘制两室一厅家庭照明电路系统图、平面布置图和控制原理图 3. 对家用照明电路进行配电设计 4. 进行电路仿真	14
			4. 工具、材料准备 5. 元器件安装 6. 电路连接	1. 选择照明电路安装所需工具 2. 根据所设计电路图进行计算并选用导线、元器件和导线 3. 在安装板上固定配电部分元器件 4. 固定照明电路其余元器件 5. 进行配电盘内总线的布线 6. 按照照明电路平面图进行布线	
			7. 电路安全检查 8. 电路调试优化 9. 项目总结	1. 利用万用表等工具检验元器件 2. 进行电路安全检查 3. 通电并进行电路检修和排故 4. 对电路进行优化 5. 进行相应计算并写出项目报告	

续上表

序号	工作项目	能力要求	工作步骤	活动设计	参考学时
4	项目四 二层楼家用照明系统的设计与安装	**知识：** 1. 自主设计室内照明电路系统 2. 会进行照明电路的简单计算 **技能：** 1. 能根据照明电路的原理图和安装图正确安装电路 2. 能根据设计选择线材，熟练掌握导线的剖削和连接方法及照明元器件的安装和接线 3. 能排除照明电路的故障	1. 项目分析 2. 设计电路 3. 电路仿真	1. 接受任务并分析 2. 对楼层配电箱进行配电设计 3. 根据任务绘制两室一厅家庭照明电路系统图、平面布置图和控制原理图 4. 进行电路仿真	14
			4. 工具、材料准备 5. 元器件安装 6. 电路连接	1. 选择照明电路安装所需工具 2. 根据所设计电路图进行计算并选用导线、元器件和导线 3. 在安装板上固定配电部分元器件 4. 固定照明电路其余元器件 5. 进行配电盘内总线的布线 6. 按照照明电路平面图进行布线	
			7. 电路安全检查 8. 电路调试优化 9. 项目总结	1. 利用万用表等工具检验元器件 2. 进行电路安全检查 3. 通电并进行电路检修和排故 4. 对电路进行优化 5. 进行相应计算并写出项目报告	
合计					48

学习。以照明电路的安装为主线,以电工工具、仪表的正确使用为基础,设计课程的教学项目。依托电工实训室,按照实际生产要求,将各项标准化、规范化的操作方法融入实作训练中,培养学生的实践技能、工程素质以及岗位适应能力。教学过程中,有针对地运用多媒体教学、实物教学、现场教学、网络教学等多种教学手段优化课堂教学过程,激发学生的热情和积极性,充分发挥学生的主体作用。

(三)教学考核评价建议

课程考核总成绩由考勤成绩、实训表现、实训项目成绩、报告成绩和安全及综合考核五项成绩组成。以五项平均成绩为主,重点考核实作项目报告成绩并综合评定。考勤评定标准如下。

1. 考勤成绩(占总成绩10%)

(1)全勤并严格遵守实训室各项规定,为优秀。

(2)有迟到、早退行为者,2次内为良;4次内为及格;4次以上为不及格。

(3)有旷课行为者为不及格,请假超过实训总时间1/3以上者为不及格。

2. 实训表现(占总成绩10%)

根据实训中积极参与情况、学习态度、团结协作、遵守纪律、爱护公物等情况分为优、良、及格、不及格。有擅自动电源开关及其他严重违纪者不及格;虽按时出勤但不参与实训者不及格。

3. 实训项目成绩(占总成绩40%)

根据要求正确画出电气接线图、梯形图,接线正确,基本操作符合要求,一次试车成功成绩为优;能独立分析处理故障,二次试车成功成绩为良好;三次试车成功成绩为及格;不能画出电气接线图及四次以上试车成功成绩为不及格。

4. 项目报告成绩(占总成绩30%)

按时完成报告、书写认真、正确规范、完成实训小结、结合实际者为优秀;其他根据具体情况分为良、及格;有严重错误,书写不认真、不正确、不完整、不按时完成者为不及格。

5. 安全及综合考核(占总成绩10%)

熟记安全操作规程,通过安全考试并严格执行、正确回答综合考核提问者为优秀;其他视情况为良好、及格;没有通过安全考试者为不及格。

(四)课程资源的开发与利用

(1)积极开发和利用校园网络课程资源,充分利用诸如电子书籍、电子期刊、数据库、数字图书馆、教育网站和电子论坛等网上信息资源,使教学手段和教学方法多样化,提高学生学习兴趣。

(2)在实操实训过程中,利用仿真教学环境和仿真教学软件优化教学过程,提高教学质量和效率。

(3)建立课外兴趣小组,积极引导与培养学生自主学习、资料查询的能力。

课程 6　C 语言与单片机

课程名称：C 语言与单片机
课程性质：机电平台课
建议学时：48 学时
适用专业：城市轨道交通机电技术

一、前言

C 语言与单片机是城市轨道交通机电技术专业一门重要的机电平台课程，涉及单片机的原理结构、硬件设计、软件编程、调试运行等专业知识。该课程实践性很强，学好这门重要的专业课，对学生今后从事自动化生产设备安装调试、维护维修等职业技能工作，将起到十分重要的作用，因此，国内外高校都非常重视本课程的教学工作。

C 语言与单片机这门课是我院电气、机电、铁电专业的核心课程。本课程落实“强化实践、重在应用”，着重“职业能力”培养的指导思想，打破传统课程模式，实现理论教学和实践教学的有机融合，构建以工作任务为中心、以实训教学为主体的高职课程模式，积极与自动化行业合作开发课程，根据技术领域和职业岗位（群）的任职要求，参照职业资格标准，改革课程体系和教学内容，建立突出职业能力培养的课程标准，规范课程教学的基本要求，提高课程教学质量。本课程以电气、机电、铁电行业对生产过程职业技能需求为导向进行课程设置，采用项目教学法进行课程教学，项目完成过程就是教学过程，就是厂内自动化技术人员工作过程的基本内容。构建新的实践化课程体系，确保教学内容的合理性、实用性、先进性和可实施性。本课程实训教学全部在单片机实验室进行，学生在实验过程中学习知识，训练技能，掌握技术。

C 语言与单片机采用理论够用的原则，突出应用教学法，加强学生实践技能的培养，使学生基本具备单片机的硬件设计、软件编程、调试运行等职业技能，为胜任制造业自动化设备、生产过程自动化的维护维修等工作奠定坚实的技术基础，具备小项目的自主开发，协助大项目研发的基本素质。注重培养学生的创新意识、分析和解决实际问题的能力，养成学生的工程道德观念，建立工程敬业精神和团队合作精神。

二、课程目标

通过本课程的学习，使学生掌握单片机的基本知识、智能化仪器仪表设计的基本方法、系统程序设计软硬件调试的基本技能，培养学生科学思维和分析、解决工程实际问题的基本能力和素质，为以后的工作打下坚实的专业基础。

（一）能力目标

（1）能利用单片机原理解释单片机技术在电子和自动控制工程中的应用实例。

(2)具有较好的逻辑思维能力。
(3)具有一定的分析问题、解决问题的能力和动手实践能力。

(二)知识目标

(1)了解单片机的发展。
(2)了解单片机相关的基本术语。
(3)了解单片机 C 语言编程时开发工具的使用流程。
(4)熟悉单片机的原理与结构及与之相关的外围电路。
(5)掌握单片机 C 语言编程方法。
(6)掌握单片机原理及其片内资源结构、接口技术。
(7)掌握单片机应用系统开发、设计的基本技能。

三、课程内容与要求

本课程的理论教学内容是必修内容。
对理论知识的教学要求分为了解、理解、掌握 3 个层次。
(1)了解:对知识有初步和一般的认识,知道“是什么”。
(2)理解:能够领会基本概念、基本理论的含义,能够解释和说明一些简单的问题。
(3)掌握:能够熟练地运用知识,分析和解决一些具体问题。
教学内容和教学要求如表 2-10、表 2-11 所示。

四、实施建议

(一)教材选用和编写建议

1. 教材选用
陈静等编,《单片机应用技术项目化教程——基于 STC 单片机项目化教程》。
2. 教学参考资料使用建议
李精华主编,《单片机原理与应用》。
张淑清等,《单片机原理及应用技术》,国防工业出版社, 2010 年出版。

(二)教学考核评价建议

教学考核分为过程性考核、笔试、实操、课程论文、项目汇报或上述形式相互结合。
形式分为教考分离、自主考核。

课程内容与要求 表 2-10

教学内容	教学要求		
	了解	理解	掌握
一、微型机的基础知识			
1. 计算机基础知识	√		
2. 鼠标、键盘的使用			√

续上表

教学内容	教学要求		
	了解	理解	掌握
二、单片机设计入门			
1. 单片机的产生与发展	√		
2. 常用单片机简介	√		
3. 单片机开发工具简介			√
三、51 系列单片机的基本结构			
1. 51 系列单片机的内部结构			√
2. 51 系列单片机的引脚功能			√
3. 51 系列单片机的存储器的结构		√	
4. 单片机的最小系统			√
四、51 系列单片机 C 语言程序设计			
1. C 语言简介			√
2. 主函数			√
3. 循环语句			√
4. 中断语句			√
五、51 系列单片机 I/O 接口应用			
数码管、蜂鸣器、继电器、键盘的内部结构的简介		√	
六、51 系列单片机中断应用			
1. 中断系统概述			√
2. 51 系列单片机中断系统		√	
七、51 系列单片机定时器/计数器应用			
1. 定时器/计数器的结构及工作原理			√
2. 频率发生器内部结构介绍		√	

C 语言与单片机课程内容与要求

表 2-11

<table>
<tr><th>序号</th><th>工作项目</th><th>能 力 要 求</th><th>模块</th><th>任 务</th><th>活 动 设 计</th><th>参考学时</th></tr>
<tr><td rowspan="2">1</td><td rowspan="2">项目一
设计制作
点亮 LED
指示灯</td><td rowspan="2">知识：
1. 了解单片机结构
2. 能够理解和掌握单片机正常工作时的状态、如何点亮 LED 指示灯、C 语言的基本语句
技能：
1. 能够设计 51 系列单片机最小系统的编程电路
2. 会使用 Keil 软件
3. 会单片机的 C 语言设计</td><td>单片机工作状态</td><td>单片机正常工作时的状态</td><td>1. IAP15W4K58S4 单片机典型应用电路介绍
2. 学习 51 单片机程序的运行机制
3. 学习 IAP15W4K58S4 单片机 I/O 接口</td><td rowspan="2">10</td></tr>
<tr><td>单片机点亮 LED 指示灯</td><td>用单片机点亮 LED 指示灯</td><td>1. 画出点亮一个 LED 信号灯电路
2. C 语言的基本语句编程练习，编写实现点亮一个 LED 信号灯的程序
3. 使用 Keil C51 软件和 STC Monitor51 仿真器</td></tr>
<tr><td rowspan="2">2</td><td rowspan="2">项目二
设计制作
一台交通
灯控制器</td><td rowspan="2">知识：
1. 能够理解和掌握设计一个 LED 闪烁信号灯控制系统和设计简单的城市路口交通灯控制系统
2. 掌握循环语句的使用
技能：
1. 能够设计制作一台交通灯控制
2. 会单片机 C 语言设计
3. 会使用 Keil 软件</td><td rowspan="2">设计并制作一台交通灯控制器</td><td>设计一个 LED 闪烁信号灯控制系统</td><td>1. 画出点亮一个 LED 闪烁信号灯电路
2. 编写实现控制一个 LED 信号灯闪烁的程序
3. while 语句的编程练习</td><td rowspan="2">10</td></tr>
<tr><td>设计简单的城市路口交通灯控制系统</td><td>1. 画出交通灯控制系统程序流程图
2. 模拟城市路口交通灯控制系统举例
3. for 语句编程实现交通灯控制程序</td></tr>
<tr><td rowspan="4">3</td><td rowspan="4">项目三
设计制作
一个仪表
显示器</td><td rowspan="4">知识：
1. 熟练掌握 I/O 接口的应用
2. 熟练掌握单片机 C 语言设计
3. 熟练掌握 Keil 软件的使用，认识数码管
技能：
1. 会数码管与单片机的连接
2. 能正确使用和操作预处理命令和变量及数组知识
3. 会单片机 C 语言设计
4. 会使用 Keil 软件</td><td rowspan="4">设计制作一个仪表显示器</td><td>用单片机控制一位数码管显示数字</td><td>1. 设计一位数码管与单片机的连接电路，用单片机控制数码管显示“6”程序
2. 学习 C 语言预处理命令和变量</td><td rowspan="4">12</td></tr>
<tr><td>用单片机控制多位数码管显示不同的数字</td><td>1. 设计 8 位数码管与单片机的连接电路
2. 按时序图编程
3. 编程实现多位数码管显示不同的数字</td></tr>
<tr><td>设计一个仪表的数码管数值显示器</td><td>用数组编写实现数码管显示的程序</td></tr>
<tr><td>用字符液晶 12864 做显示器，显示汉字和数字</td><td>1. 设计电路图
2. 编写实现 12864 显示的程序</td></tr>
</table>

续上表

序号	工作项目	能力要求	模块	任务	活动设计	参考学时
4	项目四 设计制作医院病床呼叫系统控制器	**知识：** 1. 掌握交流电动机的驱动电路 2. 熟练掌握定时器/计数器的应用 3. 掌握修改仪表上显示的数据 **技能：** 1. 能正确使用和操作如何把电动机接到单片机上——功率驱动 2. 会单片机 C 语言设计 3. 会使用 Keil 软件	医院病床呼叫系统	按钮控制电动机的启停	1. 如何把电动机接到单片机上——功率驱动 2. 交流电动机的驱动电路 3. 按钮控制电动机的启停流程图 4. 按钮控制交流电动机的启停程序 5. C 语言知识学习——if 语句的用法	12
				设计一台简易抢答器	1. 设计简易抢答器中按钮的电路 2. 设计简易抢答器流程图 3. 编写实现简易抢答器程序 4. C 语言知识学习：switch、break、continue 语句的用法	
				用一位数码管记录按钮按下的次数	1. 设计按钮去抖动的方法 2. 用 8 位数码管的第 1 位记录按钮按下的次数程序	
				用 4 个组合按钮修改仪表上显示的数据	1. 设计组合按钮电路 2. 编写实现控制组合按钮程序	
				矩阵式键盘用法	1. 组合按钮矩阵式键盘 2. 编写实现扫描程序	
5	项目五 设计制作一个带时间显示的定时开关	**知识：** 1. 理解 IAP15W4K58S4 单片机内部结构原理 2. 掌握 IAP15W4K58S4 单片机外中断的用法 3. 熟练掌握单片机的引脚功能 **技能：** 1. 会单片机 C 语言设计 2. 会使用 Keil 软件 3. 能安装单片机的控制继电器	带时间显示的定时开关设计	设计一个故障报警器	1. 设计故障报警器电路 2. 编写实现故障报警器程序	4 （选学）
				设计一位秒表	1. 设计组合按钮电路 2. 编写实现定时开关程序	
合计						48

课程7　液压与气动基础

课程名称:液压与气动基础
课程性质:机电平台课
建议学时:32学时(理论16学时、实践16学时)
适用专业:城市轨道交通机电技术

一、前言

(一)课程定位

液压与气动基础是机电类专业的一门平台课程。该课程主要研究液压、气压传动的基本原理、系统的组成和应用;各类液压、气动元件的结构、工作原理、特性及其选用;液压、气动回路的原理分析、连接与调试等的认知能力、应用能力及创新能力。课程设置的目的是通过本课程的学习,使学生较系统地掌握液压、气动技术的基本原理和实际应用,为后续课程学习、毕业设计及解决生产实际问题打下重要基础。这门技术较其他传动形式有不可比拟的优势而应用广泛,是专业教学中必不可少的重要组成部分。该课程的主要前置课程有机械制图、机械基础、电工基础及电子技术,后续课程为机电类专业核心课程。

(二)教学设计思路

本课程依据机电类专业典型工作岗位和工作任务对职业能力和知识的要求,根据专业培养目标,以学生发展为本位,设计课程内容。依据行业企业岗位技能对课程知识能力的需求,立足于实际能力培养,紧紧围绕液压与气动系统工作任务选择课程内容,设计8个模块,提高课程内容的实用性。从掌握液压、气动元件结构、原理、功能入手,学习液压、气动回路连接与调试,明确元件在回路中的功能特点,学会分析典型液压、气动系统的工作原理及特点,并通过试验使学生学会识别各类液压、气动元件,会根据回路原理图实际动手搭接或自行设计液压、气动回路,使学生具备维护一般液压、气动元件和系统的能力,为后续课程学习和解决实际工程问题打下必要的基础,具备职业发展能力。

二、课程目标

(一)知识目标

(1)掌握液压与气动技术的基础理论知识。
(2)掌握各类液压与气动元件的结构、工作原理、图形符号、特性及其应用。
(3)掌握液压、气动回路的分析方法,掌握典型液压、气动系统图与工作原理的分析方法。
(4)掌握液压、气动元件与系统的维护方法。

（二）能力目标

（1）能正确阐述液压、气压传动的基本原理、系统组成、工作特性和应用。

（2）能识别常用液压、气动元件。

（3）能读懂液压和气动系统工作原理图。

（4）会分析液压、气动回路和系统的功能与应用，并能按照液压、气动系统图进行液压、气动元件的选用、连接与调试。

（5）能够进行液压、气动元件及系统的日常维护。

（6）会使用常用工具。

（三）素质目标

（1）结合专业课程，培养学生理论联系实际的专业学习作风。

（2）培养学生吃苦耐劳、严肃认真的工作作风和爱岗敬业的良好职业道德。

（3）培养学生观察问题、提出问题、分析问题与解决问题的能力和创新精神。

（4）训练和培养学生自觉遵守规章制度、树立安全第一的观念。

（5）培养学生适应新环境能力、协调与沟通能力、团队合作能力。

三、课程内容与要求

课程内容分为8个模块，分别为：液压传动系统认知、单级调压回路的连接与调试、减压回路的连接与调试、换向回路的连接与调试、节流调速回路的连接与调试、组合机床动力滑台的液压系统分析、气动回路的连接与调试、气动机械手气压传动系统分析。教学内容围绕基础性和前沿性进行，以培养学生创新思维和实践能力为目的，集传统教学方法及多媒体、动画、案例分析、实验、网络资源等现代教育手段，理论联系实际，融知识传授、能力培养和素质教育于一体，并重视培养学生的职业道德、实际动手能力、适应能力、可持续发展能力，提高学生的技术应用能力和综合素质，为后续课程学习、解决实际生产问题打下重要基础。

其课程内容与要求参见表2-12。

四、实施建议

（一）教材选用和编写建议

1. 教材选用

本课程教材主要采用机械工业出版社出版、刘建明主编的《液压与气压传动》，2015年9月。

2. 教材编写原则与要求

（1）必须依据本课程标准编写教材，教材应充分体现以工作任务为中心组织课程内容和课程教学的设计思想。

（2）教材应将本专业职业活动，分解成若干典型的工作项目，按完成工作项目的需要组织教材内容，引入必需的理论知识，强调理论在实践过程中的应用。

（3）教材应图文并茂，提高学生的学习兴趣，加深学生对所学知识的认识和理解，教材表达必须精炼、准确、科学。

液压与气动基础课程内容与要求

表 2-12

序号	工作项目	能力要求	模块	任务	活动设计	参考学时
1	液压传动系统认知	**知识：** 1. 掌握液压传动系统的工作原理、组成及各组成部分的作用、工作特性 2. 了解液压传动的特点、应用及发展 **技能：** 1. 能指认液压系统中的液压元件 2. 能正确描述液压系统的工作原理、组成及各组成部分的作用	液压传动系统认知	描述液压系统的工作原理、组成及各组成部分的作用、工作特性	1. 班级分组 2. 挖掘机模型的工作过程演示 3. 观察挖掘机动作现象 4. 知识点讲解 5. 描述液压系统的工作原理、组成及各组成部分的作用、工作特性（各组汇报） 6. 点评总结	2
2	单级调压回路的连接与调试	**知识：** 1. 掌握齿轮泵、溢流阀的功用、结构特点、工作原理、图形符号、应用及使用维护方法 2. 掌握油箱、管件及管接头、密封件、压力表等液压辅助元件的结构和特点、原理、图形符号及选用与维护方法 3. 掌握识读液压回路图的方法 4. 掌握单级调压回路的功能、工作原理、连接与调试方法 **技能：** 1. 能正确描述齿轮泵、溢流阀的工作原理 2. 会使用常用工具 3. 能进行常用液压辅助元件的使用与维护 4. 能描述单级调压回路的工作原理 5. 能读懂液压回路图 6. 能进行单级调压回路的连接与调试	1. 单级调压回路图的识读	识读液压元件图形符号、单级调压回路图	1. 展示液压回路图 2. 提出问题，查阅资料 3. 知识点讲解 4. 讨论与总结	1
			2. 单级调压回路的连接与调试	1. 熟悉液压回路实验台的构造与使用方法	1. 班级分组 2. 液压回路实验台的构造讲解 3. 液压回路实验台使用演示讲解	2
				2. 单级调压回路的连接	1. 各组根据回路图准备液压元件 2. 连接液压回路 3. 检查所连接回路	
				3. 单级调压回路的调试	1. 启动、调试液压回路 2. 观察实验现象，描述对液压回路的初印象与该回路的工作原理	
			3. 回路中各液压元件的作用、结构、原理、图形符号、特点及应用等知识点讲解	1. 液压油的性质与选用 2. 齿轮泵的认知 3. 溢流阀的认知 4. 油箱、油管、管接头、压力表、密封件的认知	1. 结合液压油、齿轮泵、溢流阀、油箱、油管、管接头、压力表、密封件等实物讲解知识点 2. 识别齿轮泵、溢流阀、油箱、油管、管接头、压力表、密封件等液压元件 3. 讨论与总结	3

续上表

<table>
<tr><th>序号</th><th>工作项目</th><th>能力要求</th><th>模块</th><th>任务</th><th>活动设计</th><th>参考学时</th></tr>
<tr><td rowspan="4">3</td><td rowspan="4">减压回路的连接与调试</td><td rowspan="4">**知识：**
1. 掌握叶片泵、液压缸、减压阀的功用、结构特点、工作原理、图形符号、应用及使用维护方法
2. 理解压力损失的原因、影响
3. 掌握识读液压回路图的方法
4. 掌握减压回路的功能、工作原理、连接与调试方法
技能：
1. 能正确描述叶片泵、液压缸、减压阀的工作原理
2. 能描述减压回路的工作原理
3. 能读懂液压回路图
4. 能进行减压回路的连接与调试</td><td>1. 减压回路图的识读</td><td>识读液压元件图形符号、减压回路图</td><td>1. 展示液压回路图
2. 提出问题，查阅资料
3. 知识点讲解
4. 讨论与总结</td><td>1</td></tr>
<tr><td rowspan="2">2. 减压回路的连接与调试</td><td>1. 减压回路的连接</td><td>1. 班级分组
2. 各组根据回路图准备液压元件
3. 连接液压回路
4. 检查所连接回路</td><td rowspan="2">2</td></tr>
<tr><td>2. 减压回路的调试</td><td>1. 启动、调试液压回路
2. 观察实验现象，描述该回路的工作原理</td></tr>
<tr><td>3. 回路中叶片泵、液压缸、减压阀的作用、结构、原理、图形符号、特点及应用等知识点讲解</td><td>1. 叶片泵的认知
2. 液压缸的认知
3. 液流中的压力损失
4. 减压阀的认知</td><td>1. 结合叶片泵、液压缸、减压阀实物讲解知识点
2. 识别叶片泵、液压缸、减压阀等液压元件
3. 讨论与总结</td><td>3</td></tr>
<tr><td rowspan="4">4</td><td rowspan="4">换向回路的连接与调试</td><td rowspan="4">**知识：**
1. 掌握柱塞泵、换向阀的功用、结构特点、工作原理、图形符号、应用及使用维护方法
2. 掌握识读液压回路图的方法
3. 掌握换向回路的功能、工作原理、连接与调试方法
技能：
1. 能正确描述柱塞泵、换向阀的工作原理
2. 能描述换向回路的工作原理
3. 能读懂液压回路图
4. 能进行换向回路的连接与调试</td><td>1. 换向回路图的识读</td><td>识读液压元件图形符号、换向回路图</td><td>1. 展示液压回路图
2. 提出问题，查阅资料
3. 知识点讲解
4. 讨论与总结</td><td>1</td></tr>
<tr><td rowspan="2">2. 换向回路的连接与调试</td><td>1. 换向回路的连接</td><td>1. 班级分组
2. 各组根据回路图准备液压元件
3. 连接液压回路
4. 检查所连接回路</td><td rowspan="2">2</td></tr>
<tr><td>2. 换向回路的调试</td><td>1. 启动、调试液压回路
2. 观察实验现象，描述该回路的工作原理</td></tr>
<tr><td>3. 回路中柱塞泵、换向阀作用、结构、原理、图形符号、特点及应用等知识点讲解</td><td>1. 柱塞泵的认知
2. 换向阀的认知</td><td>1. 结合柱塞泵、换向阀实物讲解知识点
2. 识别柱塞泵、换向阀等液压元件
3. 讨论与总结</td><td>3</td></tr>
</table>

续上表

<table>
<tr><th>序号</th><th>工作项目</th><th>能力要求</th><th>模块</th><th>任务</th><th>活动设计</th><th>参考学时</th></tr>
<tr><td rowspan="4">5</td><td rowspan="4">节流调速回路的连接与调试</td><td rowspan="4">**知识：**
1. 掌握节流阀、调速阀的功用、结构特点、工作原理、图形符号、应用及使用维护方法
2. 掌握识读液压回路图的方法
3. 掌握节流调速回路的功能、工作原理、连接与调试方法
技能：
1. 能正确描述节流阀、调速阀的工作原理
2. 能描述节流调速回路的工作原理
3. 能读懂液压回路图
4. 能进行节流调速回路的连接与调试</td><td>1. 节流调速回路图的识读</td><td>识读液压元件图形符号、节流调速回路图</td><td>1. 展示液压回路图
2. 提出问题，查阅资料
3. 知识点讲解
4. 讨论与总结</td><td>1</td></tr>
<tr><td rowspan="2">2. 节流调速回路的连接与调试</td><td>1. 节流调速回路的连接</td><td>1. 班级分组
2. 各组根据回路图准备液压元件
3. 连接液压回路
4. 检查所连接回路</td><td rowspan="2">2</td></tr>
<tr><td>2. 节流调速回路的调试</td><td>1. 启动、调试液压回路
2. 观察实验现象，描述该回路的工作原理</td></tr>
<tr><td>3. 回路中节流阀、调速阀的作用、结构、原理、图形符号、特点及应用等知识点讲解</td><td>1. 节流阀的认知
2. 调速阀的认知</td><td>1. 结合节流阀、调速阀实物讲解知识点
2. 识别节流阀、调速阀等液压元件
3. 讨论与总结</td><td>1</td></tr>
<tr><td>6</td><td>组合机床动力滑台的液压系统分析</td><td>**知识：**
1. 掌握液压系统中各元件的作用、原理
2. 掌握识读液压系统图的方法
技能：
1. 能正确描述液压系统中各元件的作用、工作原理
2. 能读懂液压系统图，并能正确分析液压系统的工作原理</td><td>组合机床动力滑台的液压系统分析</td><td>1. 了解设备功能、工作循环及对液压系统的要求
2. 弄清各液压元件的原理、功用
3. 划分读图单元，明确其原理
4. 描述液压系统工作原理</td><td>1. 布置任务
2. 任务实施
3. 任务汇报
4. 点评总结</td><td>2</td></tr>
</table>

续上表

序号	工作项目	能力要求	模块	任务	活动设计	参考学时
7	气动回路的连接与调试	**知识：** 1. 掌握各类气动元件的功用、结构特点、工作原理、图形符号、应用及使用维护方法 2. 掌握识读气动回路图的方法 3. 掌握气动回路的功能、工作原理、连接与调试方法 **技能：** 1. 能正确描述各类气动元件的工作原理 2. 能描述气动回路的工作原理 3. 能读懂气动回路图 4. 能进行气动回路的连接与调试	1. 气动回路图的识读	识读气动元件图形符号、气动回路图	1. 展示气动回路图 2. 提出问题，查阅资料 3. 知识点讲解 4. 讨论与总结	1
			2. 气动回路的连接与调试	1. 气动回路的连接	1. 班级分组 2. 各组根据回路图准备气动元件 3. 连接气动回路 4. 检查所连接回路	2
				2. 气动回路的调试	1. 启动、调试气动回路 2. 观察实验现象，描述该回路的工作原理	
			3. 回路中气动元件的作用、结构、原理、图形符号、特点及应用等知识点讲解	气源装置、气缸、气动控制元件、辅助元件的认知	1. 结合各类气动元件实物讲解知识点 2. 识别各类气动元件 3. 讨论与总结	1
8	气动机械手气压传动系统分析	**知识：** 1. 掌握气动系统中各元件的作用、原理 2. 掌握识读气动系统图的方法 **技能：** 1. 能正确描述气动系统中各元件的作用、工作原理 2. 能读懂气动系统图，并能正确分析气动系统的工作原理	气动机械手气压传动系统分析	1. 了解设备功能、工作循环及对气动系统的要求 2. 弄清各气动元件的原理、功用 3. 划分读图单元，明确其原理 4. 描述气动系统工作原理	1. 布置任务 2. 任务实施 3. 任务汇报 4. 点评总结	2
合计						32

(4)教材内容应体现通用性、实用性、先进性,使教材更贴近本专业的发展和实际需要。

(5)教材中活动设计的内容要具体,并具有可操作性。

3. 教学参考资料使用建议

(1)潘楚滨,《液压与气压传动》,机械工业出版社,2010 年出版。

(2)袁承训,《液压与气压传动》,机械工业出版社,2009 年出版。

(3)张福臣,《液压与气压传动》,机械工业出版社,2011 年出版。

(4)王宝敏,《液压与气压技术》,清华大学出版社,2011 年出版。

(5)宋新萍,《液压与气压传动》,机械工业出版社,2008 年出版。

(二)教学建议

(1)加强教学资源库和教材建设,不断丰富和完善多媒体课件、网络教程的内容,进一步完善实验室建设。

(2)本课程是一门应用性很强的课程,在教学过程中采用多种教学方法来增强感性认识。

(3)在教学过程中,全面了解学生的实际情况,以学生为主体,因势利导地启发学生积极思维,指导学生如何观察、分析、归纳问题,引导学生解决学习过程中的困难,并在此过程中,可设计学生间分组协作学习方式,侧重培养学生的沟通能力、团队协作能力。

(4)在教学过程中,增强实践性教学环节,通过液压元件的拆装、液压与气动回路的识读、连接与调试,加强对学生实际应用能力的培养。

(5)在教学过程中,要重视与后续专业课程相衔接,体现实用性和可持续发展性。

(6)教学过程中加强安全教育,提高安全意识,培养学生严谨的工作态度。

(7)教学过程中教师应注重学生综合素质的培养,将创新思维和创新理念渗透到教学过程中,积极引导学生提升职业素养,注重学生综合素质的培养。

(三)教学考核评价建议

(1)采用过程性评价与目标评价相结合的评价模式。

(2)关注评价的多元性,结合课堂提问、学生作业、平时测验、实验及考试情况、学习态度、团队合作精神、交流及表达能力、组织协调能力综合评价学生成绩。

(3)应注重学生运用知识分析、解决问题能力的考核,对在学习和应用上有创新的学生应予特别鼓励,全面综合评价学生能力。

(4)最终考核结果构成:过程考核占 30%;目标考核占 50%;方法能力评价占 20%。

(四)课程资源的开发与利用

(1)开发本课程的教学资源库:课件、动画、微课、习题等教学资料。

(2)积极开发和利用学校图书馆、校园网提供的课程资源:相关的图书及报刊、杂志、音像资料等,网络资源(数字图书馆、电子书籍等)。

(3)进一步建设本课程的实验条件,使之具备实验教学的需求,满足液压与气压传动应用能力培养的要求。

(五)其他说明

本课程的内容可根据培养对象的方向进行筛选,此外根据学院的实验条件适当调整,达到专业培养目标的要求。

课程 8　可编程控制技术

课程名称:可编程控制技术
课程性质:机电平台课
建议学时:32 学时
适用专业:城市轨道交通机电技术

一、前言

(一)课程定位

本课程是电气自动化专业、机电一体化技术、电气化铁道技术和城市轨道交通机电技术专业学生必修的一门课程。它涉及广泛的电子元件和电机电器,是一门应用性很强的课程,属于基本专业平台课程。本课程建立在电工电子学基础、电机拖动基础上,有很强的理论性和实践性,对后续专业课程的学习至关重要;同时与学生将来从事的专业工作有着密切的联系。

(二)教学设计思路

本课程按照“以能力为本位,以职业实践为主线,以项目课程为主体的模块化专业课程体系”的总体设计要求,以培养学生的“学懂”和“会用”为基本目标,紧紧围绕工作任务完成的需要来选择和组织课程内容,突出任务与知识的联系,让学生在职业实践活动的基础上掌握知识,增强课程内容与职业岗位能力要求的相关性,提高学生的独立思考和实践动手能力。

二、课程目标

(一)知识目标

(1)理解掌握硬件的基本结构和工作原理。
(2)理解掌握基本布尔指令。
(3)理解一般的功能运算指令。
(4)能够对相应的控制电路进行基本分析理解。
(5)掌握常用生产机械 PLC 控制线路的工作原理及常见故障分析。

(二)技能目标

(1)能够掌握基本的 PLC 硬件结构。
(2)能够正确选用各类型的 PLC。
(3)能够正确熟练分配 I/O。
(4)能够正确熟练使用常用电器元件。

(5)能够掌握基本类型 PLC 电气控制。

三、课程内容与要求(表 2-13)

四、实施建议

(一)教材及参考资料选用

1. 教材选用及编写

教材选用由机械工业出版社出版、徐国林主编的《PLC 应用技术》,本教材为 21 世纪高职教育规划教材的配套用书,在内容选取上,体现了先进性和实践性,将理论与实践有机结合,突出实践能力的培养。同时,考虑到教学对象,在教材的内容选取上做到了“少而精”和“理论联系实际”。基础理论以必须、够用为度,注重工程实际问题。本教材主体明确、特色鲜明、重点突出,特别适用于以培养技术应用型人才的教学活动。

2. 参考资料选用

(1)廖常初等,《电气控制与 PLC》,机械工业出版社,2008 年出版。

(2)廖常初等,《S7—200PLC 应用》,机械工业出版社,2007 年出版。

(3)陈勇等,《电机与拖动基础》,电子工业出版社,2007 年出版。

(二)教学建议

1. 教学条件和环境

校内实验室有电工实训室、低压配电实训室、电机拖动实验室和 PLC 应用实验室等。目前能够进行 PLC 基础理论实验、PLC 综合项目实训,同时正在积极地寻求企业合作,这将为课程改革提供坚实的物质基础。

2. 教学方法上的特殊性

(1)强调课程理论的系统性和递进性,通过多种教学手段优化课堂教学过程,实现高效教学。

(2)以知识层次结构为基础,采用项目引领、任务驱动的行动导向教学模式,充分发挥学生的积极性和主动性。

(3)根植于“教、学、做一体化”的教学模式,调动学生的主观能动性,注重学生独立思考能力的培养。

(4)以职业能力为主线,突出学生为主体,加大技能实训比重,培养学生的职业能力。

(5)在教学内容上,重视本专业领域的新技术、新设备、新工艺并及时吸收为教学内容,培养学生的职业生涯发展能力。

五、学业评价

本课程采用“边学边评、以评促学、学评同步”的“形成性考评”的评价方式,包括知识目标评定、项目目标评定和素质目标评定三部分组成。

“形成性考评”采用过程性考核和终结性考核相结合的考核形式,减少了期末考试的比重,调动了学生日常学习的积极性,对项目化教学的推行及教学质量的提高有着明显的促进作用。

表 2-13

可编程控制技术课程内容与要求

序号	项目	能力要求	实验参考	教学设计	参考学时
1	模块一 认识 PLC	**知识：** 1. 了解 PLC 系统组成 2. 了解 PLC 特性及应用领域 3. 知道 PLC 软件 4. 会对 PLC 联网通信 **技能：** 会使用 PLC 模拟软件	1. PLC 模拟软件的使用 2. PLC 系统调试	1. 知识介绍 2. 演示示范 3. 分组演练 4. 总结及交流	4
2	模块二 抢答器的 设计	**知识：** 1. 常开常闭指令 2. 自锁互锁指令 **技能：** 1. 能进行互锁指令的程序设计 2. 能根据例题进行相关延伸	**必做：** 1. 三人抢答器 2. 四人抢答器 **选做：** 多路抢答器	1. 知识点讲解 2. 任务分析 3. 分组讨论 4. 实验验证 5. 成果展示 6. 内容拓展延伸	4
3	模块三 电动机的 控制	**知识：** 1. 常开常闭指令 2. 自锁互锁指令 3. 定时器指令 4. 比较指令 5. 传送指令 **技能：** 1. 会用定时器的组合延时 2. 会用定时器加比较组合指令	1. 电机的点动 2. 电机的连动 3. 电机顺序启动 4. 多台电机的同时启动	1. 知识点讲解 2. 任务的分析 3. 分组讨论 4. 实验验证 5. 总结及交流	8

续上表

序号	项目	能力要求	实验参考	教学设计	参考学时
4	模块四 闪烁灯的 控制	**知识：** 1. 闪烁指令 2. 移位指令 3. 传送指令 4. 循环指令 **技能：** 1. 会控制多灯的闪亮 2. 会将灯的闪烁延伸	**必做：** 1. 单灯的闪烁 2. 多灯的循环闪烁 3. 音乐喷泉的控制 **选做：** 规则灯亮的循环控制	1. 知识点讲解 2. 任务的分析 3. 分组讨论 4. 实验验证 5. 成果展示 6. 总结及交流	8
5	模块五 交通灯的 控制	**知识：** 1. 顺序控制指令 2. 闪烁指令 3. 移位指令 4. 循环指令 5. 数据传送指令 6. 中断指令 **技能：** 会使用多种指令控制灯的闪亮	**必做：** 1. 单个灯循环闪亮 2. 红灯、黄灯闪亮和绿灯的循环闪亮 **选做：** 四方向交通信号灯的控制	1. 知识点讲解 2. 任务的分析 3. 分组讨论 4. 实验验证 5. 总结及交流	8
合计					32

考核评价可用表2-14表示。

考核评价　　表2-14

序　　号	考核项目	所占比例(%)
1	过程性考核	40
2	终结性考核(期末考试)	60

注:(1)过程性考核包括:项目完成情况;出勤率;课堂表现;安全操作;作业;实训报告;团队合作;技能竞赛。
(2)终结性考核为期末考试,采用项目抽考形式。

六、课程资源的开发与应用

(1)利用现代信息技术等多媒体课件,构建网络课程资源库。通过搭建多维、动态、活跃、自主的课程训练平台,使学生的主动性、积极性和创造性得以充分调动。

(2)搭建校企合作平台,充分利用企业的设备为学生提供实习机会。

(3)充分利用实验实训室,在学生学习过程中关注学生职业能力的发展和教学内容的调整,积极编写校本教材。

(4)积极利用电子书籍、电子期刊、数字图书馆、各大网站等网络资源,使教学内容从单一化向多元化转变,拓展学生的知识和能力。

课程9　传感器及检测技术

课程名称：传感器及检测技术
课程类型：机电平台课
建议学时：32 学时（理实一体）
适用专业：城市轨道交通机电技术

一、前言

（一）课程定位

传感器及检测技术是一门综合性很强的学科，集成了机械、电子、电路、控制、光学、电磁学等知识，涉及知识面广，且与生产、科研实践联系紧密。它的种类也越来越多，如压力传感器、温度传感器、湿度传感器甚至近来兴起的智能传感器、图像传感技术等。它以研究传感器的材料、传感器的设计、制作和应用为主要内容，以及研究传感器敏感材料的力、热、声、电、光、磁等物理“效应”和“现象”，并综合了物理学、微电子学、化学、材料科学、生物工程等各方面的知识。传感技术、检测技术是将自动化、电子、计算机、控制工程、信息处理、机械等多种学科、多种技术融合为一体并综合运用的复合技术，广泛应用于交通、电力、冶金、化工、建材等各领域自动化装备及生产自动化过程。检测技术与自动化装置的研究与应用，不仅具有重要的理论意义，符合当前及今后相当长时期内我国科技发展的战略，而且紧密结合国民经济的实际情况，对促进企业技术进步、传统工业技术改造和铁路技术装备的现代化有着重要的意义。

因此，传感器及检测技术以自动化、电子、计算机、控制工程、信息处理为研究对象，以现代控制理论、计算机控制等为技术基础，以检测技术、测控系统设计、人工智能、工业计算机集散控制系统等技术为专业基础，与自动化、计算机、控制工程、电子与信息、机械等学科相互渗透，主要从事以检测技术与自动化装置研究，与控制、信息科学、机械等领域相关的理论与技术方面的工作。其知识递进如图 2-1 所示，学科领域构成及与其他相关领域的关系如图 2-2 所示。

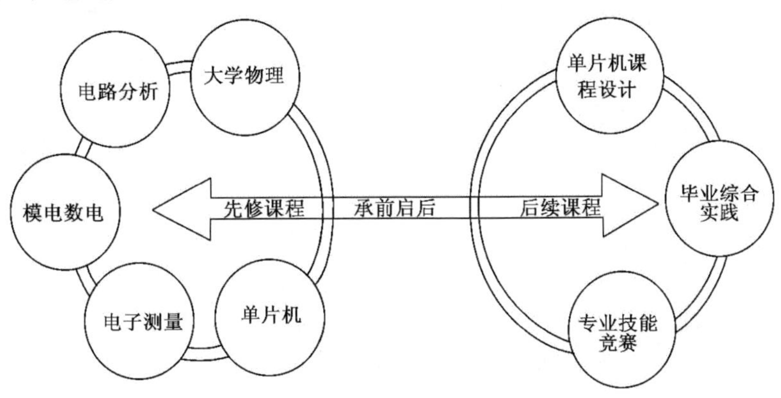

图 2-1　知识递进

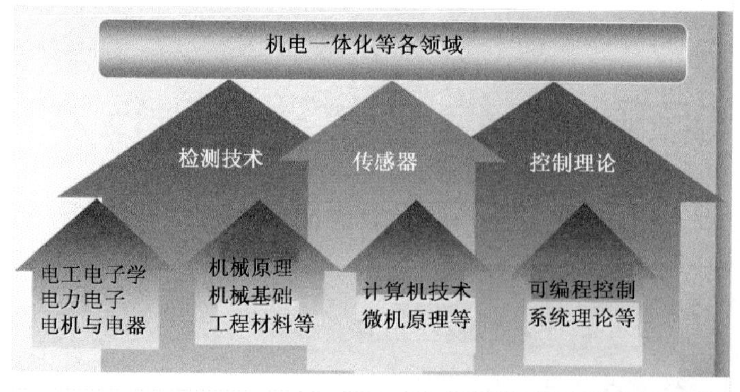

图 2-2　学科领域构成

（二）设计思路

1. 总体思路

依据《新疆交通职业技术学院传感器及检测技术课程调研报告》制订本课程标准，分析课程的特点，从后续专业课程需求及高职高专专业人才培养目标出发，构建适合高职院校特点的模块式课程教学内容体系，着力体现该课程“基础性 + 应用性 + 先进性”的特点。

通过开设综合性和创新设计性实验、实作以及项目式教学，体现课程的“应用性”。利用校园网适度介绍课程领域的新进展并利用先进的实践教学手段（如仿真），保持课程的“先进性”。

课程分三部分进行，分别为理论、实训、课程设计，其中理论与实训交替展开，掌握基础知识和检修、设计理念，实训为综合技能训练。

课程设计为项目化教学方法的延续，按照一个简单检测系统的给定功能要求，综合运用所学知识，拟定检测系统的基本构成方案，对其中的传感器部分进行选择、选配检测电路并对与微机的接口部分进行设计，记录实验数据并进行数据处理及误差分析，提交设计报告。通过实践环节，使学生达到以下目标。

（1）更好地掌握和加深理解本课程的基本理论和方法。

（2）进一步提高学生查阅技术资料、绘制电路图和运用计算机的能力，初步培养学生进行创新设计的能力。

（3）学生应在教师指导下独立完成设计任务。要求提供完整的检测系统设计方案、传感器的选择依据及测试结果、检测电路的设计图纸及实验电路、与微机接口的接口电路图（条件允许时，要求提供接口电路）、撰写设计说明书。

（4）课程设计时间由课堂时间和业余时间构成，不单独另开课程设计周，设计成绩单独评分，计入期末总评成绩。

2. 具体思路

（1）将教学内容分为基本模块和选用模块，将测量基本概念、传感器的基本知识、温度测量、磁电测量作为基本模块，其他量的测量根据不同专业进行选择。

（2）由于传感器的种类繁多，应增加传感器演示实验内容，以开拓学生的视野，向学生演示相关的传感器实物，展示网上的课件、动画资源、习题集试题，都可巩固学生学习的知识。

(3)课程实验实行开放式,增强学生独立操作的实际动手能力。

(4)本课程综合训练要求学生掌握求职所需的传感器原理的专业知识,含对传感器的应用系统进行分析设计、正确选择传感器,进行PROTEL绘图、印制电路板焊接、调试。课程设计作为本课程考核的重要依据。

(5)综合实训安排在课余时间进行,题目自主选择,有红外传感器、超声波流量计在粒度仪中的使用;编码器、红外传感器、热电阻在煤气压力表生产、检测中的应用;自动化流水线传感器的应用等,让课堂走进工厂、将工厂搬进课堂,培养学生对职业岗位的认知。

(6)加强传感器技术课程教学的课后延伸,如开放实验、生产实习、大学生电子设计制作竞赛、毕业设计等,结合日常生活和生产过程中的实际情况,选用适当的传感器,设计制作自动检测与自动控制的实用小系统。

二、课程目标

(一)总体目标

要求理解不同传感器的工作原理,常用的测量电路;能够对常用传感器的性能参数与主要技术指标进行校量与标定;掌握传感器的工程应用方法,并能正确处理检测数据;了解传感器技术发展前沿状况,培养学生科学素养,提高学生分析解决问题的能力,达到知原理、会选型、懂设计、精焊接。

通过行为导向的项目式教学,加强学生实践技能的培养,培养学生的综合职业能力和职业素养;独立学习及获取新知识、新技能、新方法的能力;与人交往、沟通及合作等方面的态度和能力。

(二)具体目标

1. 专业能力目标

(1)熟悉非电量测量的基本知识和各种数据处理方法。

(2)掌握常用传感器的工作原理、基本结构、测量电路和各种应用。

(3)掌握各种传感器的使用、标定、校准等基本技能。

2. 社会能力目标

(1)善于合作,通过分组共同完成实验,培养合作精神。

(2)具备良好的职业道德和专业思想。

3. 方法能力目标

(1)持续学习,具有对知识分析、归纳、总结、综合的思维能力以及知识的迁移能力,不断更新和跟踪检测技术知识,能与时俱进。

(2)能够将所学专业知识应用到实践的能力,用知识来分析和判断以及处理问题的能力。

(3)学会收集、处理、运用社会信息的方法和技能。

4. 情感态度价值观

(1)通过对传感器的了解,让同学们了解现今社会的科学发展程度,使学生能够为祖国的今天感到骄傲和自豪。

(2)通过对传感器的学习,培养学生对生活中各种以传感器为核心的设备的观察能力,并对其产生浓厚的兴趣。

三、课程内容与要求

(一)课程内容与要求(表2-15)

传感器及检测技术课程内容与要求

表2-15

序号	项目	能力目标	知识目标	工作步骤	活动设计	学时
1	项目一 电子秤设计与制作	1. 能掌握电阻应变片的选择与粘贴 2. 会测量电桥的电压灵敏度与调零 3. 掌握电桥测量电路的制作要领	1. 传感器的静态特性、动态特性与技术指标 2. 熟悉传感器的分类 3. 理解电阻应变片的原理与主要技术参数	1. 任务分析 2. 绘制电子秤电路 3. 进行模拟测试	1. 传感器特性指标讨论 2. 各组进行电路设计 3. 对电路进行仿真测试	4
				选择电阻应变片及其他元器件	1. 前往电子市场进行元器件认识及选购 2. 对已有的废旧电路板进行相关元器件的拆卸	2
				1. 焊接电路板 2. 作品测试	1. 用电烙铁进行电路焊接 2. 用水果等物品对产品进行测试 3. 作品展示及互评	2
2	项目二 测速仪设计与制作	1. 能用电容、电感、电磁式传感器设计转速测量系统 2. 能制作测速传感器检测电路	1. 理解电容、电感和电磁式传感器工作原理 2. 理解霍尔效应与霍尔元件、主要参数、测量电路 3. 熟悉霍尔元件的温度误差与补偿方法	1. 任务分析 2. 绘制测量速度电路 3. 模拟测试	1. 对汽车霍尔测速电路进行拆卸 2. 画出汽车实际草图 3. 改进绘制电路图并仿真设计	4
				选择测速传感器及其他元器件	1. 前往电子市场购买霍尔传感器 2. 对已有的废旧电路板进行相关元器件的拆卸	2
				1. 焊接电路板 2. 产品测试	1. 用电烙铁进行电路焊接 2. 对产品进行测试 3. 作品展示及互评	4

续上表

序号	项目	能力目标	知识目标	工作步骤	活动设计	学时
3	项目三“声光双控”廊灯设计与制作	1. 会光电、压电相关传感器的选择 2. 会应用低压控制高压电路	1. 理解光电传感器的组成与工作原理 2. 能绘制光电传感器的灵敏度特性曲线 3. 熟悉光电传感器的分类	1. 任务分析 2. 绘制电路 3. 模拟测试	1. 根据所给样例进行改进，画出草图 2. 绘制电路图并仿真设计	4
				选择声音、光度测量传感器及其他元器件	1. 前往电子市场购买传感器 2. 对已有的废旧电路板进行相关元器件的拆卸	4
				1. 焊接电路板 2. 作品测试	1. 用电烙铁进行电路焊接 2. 对产品进行测试 3. 作品展示及互评	6
4	项目四温度控制系统设计与制作	1. 会进行热电偶的分度表与分度号查阅 2. 会热电偶冷端温度的处理 3. 会标定热电偶温度测量系统的精度 4. 会应用热电偶的补偿导线	1. 理解温度测量与国际温标（ITS-90）、温度传感器分类、热电偶温度传感器 2. 掌握热电偶的工作原理 3. 了解热电偶按电极材料分类和按结构分类	1. 任务分析 2. 绘制温度控制系统电路 3. 模拟测试	1. 根据所给样例进行改进，画出草图 2. 绘制电路图并仿真设计	课余
				选择热电偶传感器及其他元器件	1. 前往电子市场购买热电偶感器 2. 对已有的废旧电路板进行相关元器件的拆卸	
				1. 焊接电路板 2. 产品测试	1. 用电烙铁进行电路焊接 2. 对产品进行测试 3. 作品展示及互评	
合计						32

(二)课程设计基本内容

课程分为三部分进行,包括理论授课、实验、课程设计,各部分可相互嵌套。课程设计根据专业不同进行不同选题。课程设计基本内容及其参考如表 2-16 所示。

传感器及检测技术课程设计基本内容　　表 2-16

专　业	项　目	能力要求
机电一体化专业	温度检测	可自由选择其中一项,学会设计、接线、验证准确性等
	压力检测	
	液位检测	
汽车电子专业	倒车雷达	学会汽车传感器的检测,学会设计、接线、验证准确性等
	车速表	
	爆震传感	
工程机械	机油压力检测	学会设计、接线、验证准确性等
交通控制专业	车流量检测	学会使用相关仪器,学会设计、接线、验证准确性等
	雷达测速	
	视频监控	
轨道交通车辆	气体检测	掌握检测方法,学会设计并验证
	湿度检测	
轨道交通机电	烟雾探测	
	屏蔽门	

注:课程设计课内指导,课余时间完成制作,在没有课程设计验证条件(实物制作)的情况下,可组织学生分组进行计算机仿真设计。

四、实施建议

(一)教材选用和编写建议

1. 教材选用

(1)刘广玉、陈明等编著,新型传感技术及应用,北京航空航天大学出版社,1995 年出版。

(2)张洪润、张亚凡等编著,传感技术与应用教程,清华大学出版社,2005 年出版。

(3)刘迎春、叶湘滨等编著,传感器原理设计与应用,国防工业出版社,2004 年出版。

(4)王雪文、张志勇等编著,传感器原理及应用,北京航空航天大学出版社,2004 年出版。

(5)彭军编著,传感器与检测技术,西安电子科技大学出版社,2003 年出版。

(6)杨帮文等编著,最新传感器实用手册,人民邮电出版社,2004 年出版。

(7)[德]吉多・楚伦那、安德烈亚斯・拉曼等编著,莫德举、马永成等译,家电传感器,北京航空航天大学出版社,2004 年出版。

2. 教材编写原则与要求

若教材不符合部分开课专业的需求,可根据专业特点自行编写校本教材或讲义,但理论部分不建议再进行编写,重点突出与专业结合紧密部分和实践操作部分。

3. 教材、教学参考资料使用建议

教材选用应贯彻以培养专业能力、方法能力等综合素质为目标,以工作过程为主线、强调理论与实践的结合、陈述性知识和过程性知识相结合、理论实践一体化的教材。

参考资料要及时进行总结整理，形成成果，逐年提升。

（二）教学建议

教学过程是教师与学生互动的过程，需要教师与学生良好的配合才能达到目标。教师是引导者，学生要积极参与和响应，是学习活动的主体。具体建议如下。

（1）教师要作为学习活动的指导者，以学生为中心，优化学习方式，设计教学做一体化的学习环境，坚持“做中学，学中做”的教学模式。

（2）在每个学习单元的学习过程中，都要留出一定的时间，与学生进行讨论，鼓励学生提出自己感兴趣的问题，并选择其中最有探究价值的问题作为小组或全班共同研究的课题，然后引导学生寻求答案和研究讨论，从而提高学生的学习兴趣。

（3）教师应根据不同教学内容注意采用多样化的教学方式，如实物演示、讲授、辩论、仿真模拟、案例分析、专题讨论、项目设计、小组合作等。

（4）加强培养学生自主学习和实际动手能力，教学过程中，应立足于加强学生实际动手能力的培养，采用项目教学、任务驱动等方法提高学生学习兴趣。在每个教学情境中，尽可能采用多媒体教学、实验仿真软件、实物教学等。

（5）教师在重视知识教学的同时，要重视学生素养和能力目标的实现。首先在设计教学过程时就要有预见，在示范、讲解时就可以进行引导；另外，通过各个学生具体的操作事件、做事的细节或不同的方式，发现学生做事的不同态度，给予引导、鼓励、启发、纠正等。

（三）教学考核评价建议

本课程总评成绩采用百分制，由平时学习情况（占 20%，包括平时作业完成情况 10%、实验 15%、出勤 5%，任课教师要重视学生平时学习情况的跟踪、检查和评价）、项目一成绩（占 20%）、项目二成绩（占 25%）、项目三成绩（占 35%）四大部分构成。

（四）课程资源的开发与利用

课程资源是决定课程目标是否有效达成的重要因素，课程资源应当具备开放性特点，适应于学生的自主学习、主动探究。为适应基于模块化的工作过程和体现课程“基础性”、“应用性”、“先进性”的指导性教学模式的开展，必须大力开发与课程相关的网络教学资源、学习评价表、实训指导书、教学课件、教学视频等教学文件。

（1）学校的课程资源建设。学校提供的课程资源包括教材、教具、仪器设备、模拟软件、有关的图书及报刊、杂志、音像资料或多媒体课件、校园网资源（数据库、数字图书馆、电子期刊等），还包括国家级、省级、校级的精品课程资源等。

（2）利用各种媒体资源，包括报纸、杂志、广播、电视、互联网等。

（五）其他说明

传感器及检测技术课程在整个人才培养计划中起着承前启后的作用。目前，我院有近 6 个专业的学生进行该课程学习。在学习了模拟电子技术、数字电子技术后，学生具备了一定的电子电路原理分析、参数计算、信号处理的能力；通过传感器及检测技术课程的学习，学生可以进一步掌握电子电路原理分析、参数计算、信号处理等知识，提高学生的实际应用能力，同时为后续从事相关自动控制工作奠定良好的基础，如工业中的运动控制、过程控制等，与 PLC 应用技术、变频控制技术、伺服控制技术等完美结合。

自动检测技术涉及传感器技术、检测技术、抗干扰技术、接口技术等。该技术的应用领域十分广泛，如工业窑炉的炉温控制、压力的自动调整、机车轴温检测、空气质量监测、交通运输、周界报警、智能监控等。由于该技术的实用性非常强，发展潜力大，在实现自动控制和自动控制系统的精度要求中起着非常关键的作用。

因此，组织好和管理好该门课程的教学工作有其重要意义，该课程同时是我院电气化铁道技术、机电一体化技术、轨道交通控制、智能交通、工程机械控制、汽车电子技术等专业的专业课程。

课程 10　多路抢答器设计及制作

课程名称：多路抢答器设计及制作
课程性质：机电平台课
建议学时：48 学时
适用专业：机城市轨道交通机电技术

一、前言

进入 21 世纪，越来越多的电子产品出现在人们的日常生活中，例如企业、学校和电视台等单位常举办各种智力竞赛，抢答记分器是必要设备。过去在举行的各种竞赛中我们经常看到有抢答的环节，举办方多数采用让选手通过举答题板的方法判断选手的答题权，这在某种程度上会因为主持人的主观误断造成比赛的不公平性。人们于是开始寻求一种能不依人的主观意愿来判断的设备来规范比赛。因此，为了克服这种现象的惯性发生人们利用各种资源和条件设计出很多的抢答器，从最初的简单抢答按钮，到后来的显示选手号的抢答器，再到现在的数显抢答器，其功能逐步趋于完善，不但可以用来倒计时抢答，还兼具报警、计分显示等等功能，有了这些更准确地仪器，使得我们的竞赛变得更加精彩纷呈，也使比赛更突显其公平公正的原则。

（一）课程定位

多路抢答器设计及制作是机电工程学院几个专业公共的机电平台课程，是一门重要的专业技术基础课，具有较强实践性，在后续课程的学习和人才培养过程中起着十分重要的作用。

通过本课程的学习，强化学生对电子技术的基本理论、基本技能理解和灵活运用，使学生能够具有一定分析和解决实际生活生产中电子类相关技术问题的能力，了解电子事业的最新发展和应用前沿，为后续课程的学习以及从事专业的技术工作打下一定的基础，从而进一步培养学生的工程意识、创新能力和全面的专业素质。

（二）教学设计思路

本课程设计以数字电路抢答器为载体，从简单到复杂以递进关系选择了三个工作项目，分别是 2 路抢答器的设计与制作、4 路抢答器的设计与制作、8 路抢答器的设计与制作，以满足个别专业 32 学时的教学要求，另设计一个基于 PLC 的 8 路抢答器，和数字电子的 8 路抢答器做一比较，同时可以满足其他专业 48 学时的教学要求，或作为学生的选做项目。

各个工作项目的实施基于如下工作流程：

任务分析→元件选型→电路设计→制图仿真→元件购买→电路焊接→参数测试→评定等级

可借助 PPT 或视频进行任务说明，任务分析与实施阶段采用分组收集资料、讨论、老师引导、学生为主的教学方法，学生借助仿真软件逐步明确抢答器电路的设计思路，通过抢答器设计的案例教给学生设计电路的通用方法；采用仿真、视频等手段化解教学难点；利用作业系统当堂提交作业并由学生进行作业仿真演示，检验教学目标完成情况。

二、课程目标

（一）知识目标

（1）回顾所学数字电子技术的基础理论和基础实验。

（2）熟悉优先编码器、触发器、计数器、单脉冲触发器、555 电路、译码/驱动电路的应用方法。

（3）掌握组合电路、时序电路、开关阵列电路的工作原理。

（4）初步掌握一般电子线路分析的基本方法。

（5）熟悉组合电路、时序电路、和任意集成电路的综合使用及设计方法。

（6）了解电子产品设计与制作的一般过程。

（7）了解 PCB 布线的基本原则和方法。

（8）掌握一般电子线路装配的基本方法。

（二）能力目标

（1）以小组合作的方式有效地收集、查阅及整理学习资料，并交流讨论，培养学生自学、阅读、表达、交流协作等方法能力与社会能力。

（2）根据任务要求和实际情况，制订小组工作计划，协商制订出完成本课题较为完善的解决方案，培养学生的沟通协作、解决问题等方法能力和社会能力。

（3）根据制订的方案做好任务实施准备，包括列出所需设备清单，元器件的选择与购买，培养学生的职业素养和执行能力。

（4）正确选用元器件并使用万用表检测元器件的好坏。

（5）能根据任务要求，绘制正确的电路原理图，强化学生对 Proteus 软件的应用，以及设计电路的能力。

（6）强化学生利用仿真软件 Proteus 对所设计的电路进行模拟仿真与调试的能力。

（7）通过面板的制作，锻炼学生焊接电路与制板的能力。

（8）正确规范使用焊接工具装配电路。

（9）能够进行简单电子产品的制作、维护、故障诊断、检查调试和维修作业。

（10）通过成果展示，锻炼学生的表达能力、论文写作能力、PPT 制作能力。

（11）在项目完成过程中形成“6S”现场管理和安全环保意识。

（三）素质目标

（1）提高学生分析问题和解决问题的能力。

（2）培养学生的科学思维能力、创新能力，能够独立完成规定的工作任务，具有一定的分析解决实际问题的能力，以满足学生毕业后从事本专业领域工作岗位的需要。

（3）培养学生的团队合作精神、语言表达能力、决策能力、自学能力、客观评价能力、竞争意识、可持续发展能力等职业综合素质，为以后从事专业工作奠定基础。

三、课程内容与要求

本课程是对电子技术课程知识和技能的强化训练，教学内容要在加深知识理解和应用的基础上，锻炼学生的动手操作能力和实践应用能力，详见表2-17。

四、实施建议

(一)教材选用和编写建议

1. 教材选用

本课程主要使用教材为机械工业出版社出版的高职高专“十一五”机电类规划教材《电子技术基础》，参考教材为高等教育出版社、人民交通出版社、电子科技大学出版社等出版的全国高等职业教育规划教材，以此为依据编写教案和讲义。

2. 教材编写原则与要求

教材应该体现出对学科知识的系统把握，体现对工作过程系统化为导向的教学改革的深刻体会。

教材应该具有以下几个特点：

(1)课程内容的选择以市场需求和工作过程为导向，以培养具备从事制造企业电子类产品的安装、调试、维修的专业技能，并具有一定的电子产品开发与制作能力和初步的生产作业管理能力的高素质技能型人才为目标。

(2)以任务引领、项目驱动为教学内容的编写策略，把曾经系统、烦琐、难以理解的理论知识通过一个个实践项目分解开来，使学生易于了解与掌握。

(3)教材的项目包含着完整的任务的操作过程，使学生可以一步步完成任务，并通过不同项目实践的反复训练提高学生对工作过程的掌握程度。

3. 教学参考资料使用建议

(1)《电子技术基础》，机械工业出版社，张志良；

(2)《电子技术》，高等教育出版社，付志桐；

(3)《电工电子技术基础》，人民交通出版社。

网络上有很丰富的资源以供学生学习参考，我们也有仿真实验室可以让学习上网查阅资料获取资讯，或学生可使用手机进行资料查询，另有学院图书馆的各种图书资料可查询，也可上中国数字图书馆、中国期刊网、维普数据库等，为学生主动学习提供了极为丰富的扩充性资料，并有效地促进了学生主动学习的效果。

(二)教学建议

教师在教学中应选用灵活多样的教学方式，充分发挥多媒体及网络教学形式多样、信息量大、形象直观的优势，提高教学效率。

采用仿真软件技术实现软硬结合，强化实践效果，同时将课堂教学与实践紧密结合，在内容上要突出重点，深入浅出，培养学生独立学习习惯，努力提高学生的自学能力、动手能力与创新精神，重视对学生学习方法的指导。

多路抢答器设计及制作授课内容及要求

表 2-17

序号	工作项目	能力要求	工作步骤	活动设计	参考学时
1	2 路抢答器制作	**知识：** 1. 学习使用 Proteus 软件 2. 使学生掌握 74LS00 的用法和 RS 触发器电路的构成和工作特性 3. 学习仿真软件的应用 **技能：** 1. 熟悉 Proteus 软件的应用 2. 能够应用与非门和触发器设计 2 人抢答器，并绘制出电路图进行仿真 3. 训练学生的动手能力，培养独立解决问题的能力	1. 项目分析 2. 提出抢答器制作要求 3. 材料、工具准备 4. 抢答器电路焊接 5. 电路检测调试 6. 成果展示汇报 7. 点评	1. 提出项目设计的目的和要求 2. 获取资讯、选择需要的材料与工具 3. 讨论、分析电路原理，形成设计初稿 4. 观看 PPT，学习 Proteus 软件，绘制电路图 5. 对设计进行仿真与调试 6. 焊接电路板 7. 电路检测与调试 8. 撰写总结报告 9. 成果展示与评比	14
2	4 路抢答器制作	**知识：** 1. 熟悉各个芯片的功能及其各个管脚的接法 2. 弄懂各部分的工作原理及作用 3. 了解竞赛抢答器的工作原理及其结构 4. 熟悉仿真软件的应用 **技能：** 1. 能够选择合适的电气元件 2. 锻炼面包板搭接电路技术 3. 学习调试系统电路，提高实验技能	1. 项目分析 2. 提出抢答器制作要求 3. 材料、工具准备 4. 抢答器电路焊接 5. 电路检测调试 6. 成果展示汇报 7. 点评	1. 提出项目设计的目的和要求 2. 获取资讯、选择需要的材料与工具 3. 讨论、分析电路原理，形成设计初稿 4. 练习使用 Proteus 软件，绘制电路图 5. 对设计进行仿真与调试 6. 焊接电路板 7. 电路检测与调试 8. 撰写总结报告 9. 成果展示与评比	10

续上表

序号	工作项目	能力要求	工作步骤	活动设计	参考学时
3	8路抢答器制作	**知识：** 1. 掌握各个芯片的功能及其各个管脚的接法 2. 熟知各部分的工作原理及作用 3. 掌握竞赛抢答器的工作原理及其结构 4. 熟练仿真软件的应用 **技能：** 1. 运用所学数字电子电路的知识进行理论设计、安装调试、后期制作、分析总结等环节 2. 掌握面包板搭接电路技术	1. 项目分析 2. 提出抢答器制作要求 3. 材料、工具准备 4. 抢答器电路焊接 5. 电路检测调试 6. 成果展示汇报 7. 点评	1. 提出项目设计的目的和要求 2. 获取资讯、选择需要的材料与工具 3. 讨论、分析电路原理，形成设计初稿 4. 练习使用 Proteus 软件，绘制电路图 5. 对设计进行仿真与调试 6. 焊接电路板 7. 电路检测与调试 8. 撰写总结报告 9. 成果展示与评比	14
4	PLC控制8路抢答器制作	**知识：** 1. 熟悉编程器及 STEP—7 的使用方法，掌握输入/输出、定时器/计数器、微分、保持继电器等常用指令的功能和编程方法 2. 理解联锁、跳转、数据比较、数据位移、数据传送、数据转换、运算等指令的功能，掌握其使用方法 **技能：** 1. 熟练应用 PLC，能够作出程序流程图 2. 提高在电子技术方面的实践技能和科学作风，学习掌握工程设计的方法和组织实践的基本技能	1. 项目分析 2. 提出抢答器制作要求 3. 材料、工具准备 4. 抢答器电路焊接 5. 电路检测调试 6. 成果展示汇报 7. 点评	1. 提出项目设计的目的和要求 2. 获取资讯、选择需要的材料与工具 3. 讨论、分析电路原理，形成设计初稿 4. 练习使用 Proteus 软件，绘制电路图 5. 对设计进行仿真与调试 6. 焊接电路板 7. 电路检测与调试 8. 撰写总结报告 9. 成果展示与评比	10
合计					48

在实践教学环节,为培养学生对知识理解、知识综合应用和创新实践能力,由老师命题,让学生自主实践、设计、安装、检测完成实验、实训任务。最大程度的提供学生自主完成任务的机会。

(三)教学考核评价建议(表2-18)

考核评分表

表2-18

考核项目		评分标准	分值
任务知识		掌握电路的工作原理	15
		掌握电路工作特性	15
操作技能	电路的仿真	能运用仿真软件建立与调试电路,能根据结果得出正确的结论	15
	电路制作	能在面板上制作和调试电路,并进行故障排除得出正确的测试结果	25
	安全操作	安全用电,按章操作,遵守实训室管理制度	5
	现场管理	按6S企业管理体系要求,进行现场管理	5
平时成绩	平时表现	出勤、作业、课堂问答等	20
合计			100

(四)课程资源的开发与利用

(1)积极开发和利用校园网络课程资源,充分利用诸如电子书籍、电子期刊、数据库、数字图书馆、教育网站和电子论坛等网上信息资源,使教学手段和教学方法多样化,提高学生学习兴趣。

(2)在实训过程,利用仿真教学环境和仿真教学软件优化教学过程,提高教学质量和效率。

(3)建立学习资料库,推荐国内与专业有关的网站地址,积极引导与培养学生自主学习、资料查询等能力。

第三部分

专业基础课程标准

课程 11　轨道交通概论

课程名称:轨道交通概论
课程性质:专业基础课
建议学时: 32 学时
适用专业:城市轨道交通机电技术专业

一、前言

(一)课程定位

本课程主要面向机电工程学院轨道交通机电技术等专业,为专业基础课程,安排在第二学期上,共 32 个学时,后续课程为轨道交通系统认知,旨在培养学生的对轨道交通有宏观了解与认识,提高学生分析问题和团队合作的能力,为后续专业核心课打下基础。

(二)教学设计思路

以项目为驱动设计课程内容。分为八大项目,项目一:认识轨道交通;项目二:轨道交通工程;项目三:轨道交通车站;项目四:轨道交通车辆;项目五:城市轨道交通通信;项目六:城市轨道交通信号系统;项目七:城市轨道交通运营组织;项目八:城市轨道交通车辆段。项目与项目之间并行结构,按照类型进行分项目讲解。

二、课程目标

(一)知识目标

(1)轨道交通发展现状的认识。
(2)轨道交通的建设规模、实施。
(3)城市快速轨道交通项目组成及路网规划。
(4)掌握中间站、会让站和越行站的区别。
(5)铁路车辆的车辆分类及其用途。
(6)城市轨道交通通信概述。
(7)城市轨道交通信号系统的组成。
(8)城市轨道交通运营组织概述。
(9)城市轨道交通车辆段规划与设计。

(二)素质目标

(1)培养学生良好的职业道德、科学严谨的工作态度。

(2)培养学生良好的沟通能力和优秀的团队协作精神。

(3)培养学生勇于创新、与时俱进的工作作风。

授课班学生组建小组,从方案设计、论证、实施、跟进、过程资料收集、测试、评价一系列的流程,培养学生严谨、积极、富有创意、合作、包容的心态。养成学生整理、整顿、清理、清洁、素养的意识。

三、课程内容与要求(表3-1)

四、实施建议

(一)教材选用和编写建议

1. 教材选用

建议选用院本教材《轨道交通概论》。

2. 教材编写原则与要求

主要针对上述八大项目进行理论讲解,下达任务要求,组织实施及工单制订,将几大项目做成统一的标准,组织实施。

(二)教学建议

班级分组学生不宜过多,5~6人一组,分工明确,严格按照任务执行,注意过程资料的收集工作。

(三)教学考核评价建议

教学考核按过程性考核+项目汇报相结合的方法。

考核形式为自主考核。

(四)课程资源的开发与利用

(1)充分利用学校的课程资源库、报刊、教学挂图、投影片、音像资料和教学软件等。

(2)利用校外资源网络、媒体、国内国际前沿知识来扩展学生的视野。

(五)其他说明

本课程面向城市轨道交通机电技术专业的学生,作为专业基础课,为后续专业核心课做好铺垫、培养学生项目化意识及团队合作的能力。

轨道交通概论课程内容与要求

表 3-1

序号	工作项目	能力要求	模块	任务	活动设计	参考学时
1	项目一 认识轨道交通	**知识：** 1. 总述轨道交通 2. 铁路的发展、现状 3. 城市轨道交通发展历史 **技能：** 通过对轨道交通的了解与认识，学会分析项目的流程，以时间为线，认识轨道交通的发展及给现代人带来的便利	1. 轨道交通定义 2. 轨道交通历史 3. 城市轨道交通发展史	1. 分析轨道交通功能及发展 2. 城市轨道交通近几年的发展现状	1. 分组，组成团队 2. 回顾轨道交通发展史 3. 讨论目前城市轨道交通的现状 4. 目前乌鲁木齐轨道交通的发展 5. 总结讨论评价	4
2	项目二 轨道交通工程	**知识：** 1. 设计年限与设计阶段 2. 轨道交通的建设规模、实施 3. 城市快速轨道交通项目组成及路网规划 **技能：** 1. 熟悉基本的轨道交通工程设计、规模建设、实施及路网规划 2. 学会轨道交通客流的预测和分析 3. 熟悉明挖地下结构的设计与施工	1. 轨道交通设计与规模建设、实施 2. 轨道交通客流预测分析及地下结构施工设计	1. 熟悉轨道交通前期实施准备工作 2. 对轨道交通客流量预测分析 3. 地下施工设计方法	1. 任务制定 2. 分析城市轨道交通前期建设的必要性 3. 讨论轨道交通工程设计与施工方法 4. 讨论路网规划的依据 5. 施工过程中的地下结构施工注意事项 6. 总结讨论评价	4
3	项目三 轨道交通车站	**知识：** 1. 熟悉车站的定义、分类及车站线路种类与线路间距 2. 掌握中间站、会让站和越行站的区别 **技能：** 1. 掌握轨道交通车站结构功能及分类 2. 能联系实际分辨车站类型与区别	1. 车站组成 2. 车站中常见辅助设备	1. 车站功能分析 2. 分布区域与类别 3. 常见辅助设备功能	1. 明确任务 2. 认识轨道交通车站 3. 分析其分类、功能结构 4. 案例讨论分析具体车站案例 5. 车站中常见辅助设备 6. 过程资料收集内容补充 7. 总结评价知识点汇总	4

续上表

<table>
<tr><th>序号</th><th>工作项目</th><th>能 力 要 求</th><th>模块</th><th>任 务</th><th>活 动 设 计</th><th>参考学时</th></tr>
<tr><td rowspan="4">4</td><td rowspan="4">项目四
轨道交通
车辆</td><td rowspan="4">知识：
1. 铁路车辆的车辆分类及其用途
2. 地铁车辆的系统构成及车辆基本设计参数
3. 列车编组及联挂方式
4. 车辆限界与整车测量
技能：
1. 掌握轨道交通车辆的系统构成、分类及用途
2. 能熟练掌握列车编组方式，学会对车辆衔接及整车进行测量</td><td>1. 轨道交通车辆概述</td><td>1. 选定任务，查询资料
2. 分析其功能及分类及用途</td><td>1. 组队选定任务
2. 讨论明确分工
3. 实施对轨道交通车辆的认识和了解</td><td rowspan="4">4</td></tr>
<tr><td rowspan="3">2. 轨道交通车辆结构设计及列车编组</td><td>1. 车辆设计的基本参数</td><td>1. 具体实施方法
2. 进度跟进</td></tr>
<tr><td>2. 列车编组方式</td><td>1. 编组方法
2. 联挂方式</td></tr>
<tr><td>3. 界限测量</td><td>1. 客观、准确、细心
2. 掌握界限测量的方法，并讨论其重要的意义</td></tr>
<tr><td rowspan="3">5</td><td rowspan="3">项目五
城市轨道
交通通信</td><td rowspan="3">知识：
1. 城市轨道交通通信功能作用
2. 城轨通信系统的组成
3. 通信系统作用
技能：
1. 能正确学会分析一个项目的从开始到结束整个项目的流程
2. 能够有很好的沟通、团队合作</td><td rowspan="2">1. 轨道交通通信概述</td><td>1. 通信系统的发展</td><td>1. 分组、明确任务
2. 分析通信系统发展及现状</td><td rowspan="3">4</td></tr>
<tr><td>2. 通信系统重要作用</td><td>1. 讨论通信系统在轨道交通中的作用，以具体事例说明
2. 通信系统中的问题讨论及改进设想</td></tr>
<tr><td>2. 通信系统组成</td><td>通信系统的结构及组成</td><td>1. 具体功能结构分析
2. 举例车站中的通信系统组成</td></tr>
</table>

续上表

序号	工作项目	能力要求	模块	任务	活动设计	参考学时
6	项目六 城市轨道交通信号系统	**知识：** 1. 城市轨道交通信号系统的组成 2. 城市轨道交通信号系统 **技能：** 1. 能掌握城市轨道交通信号系统的基本组成，地域划分、线路划分 2. 学会分析轨道交通信号系统中区间闭塞、车站联锁的关系	1. 信号系统的组成 2. 通信号系统内容	1. 基本组成 2. 地域划分 3. 车辆段信号系统 4. 正线信号系统 5. 区间闭塞、车站联锁 6. 列车运行自动控制系统	1. 任务制订 2. 分析城市轨道交通信号系统组成 3. 讨论城市轨道交通信号系统重要性 4. 实例说明城市轨道交通信号系统的具体应用 5. 采集资料说明信号系统中区间闭塞、车站联锁的关系 6. 总结讨论评价	4
7	项目七 城市轨道交通运营组织	**知识：** 1. 运营组织概述 2. 运营控制中心 3. 行车组织 **技能：** 1. 能掌握运营组织的基本概念、控制中心作用 2. 学会行车组织的形式与技巧	1. 客运设备设施布置 2. 运营服务的设备统 3. 控制中心的设备功能 4. 列车运行图	1. 运营组织概述 2. 设施布置 3. 控制中心的设备功能 4. 行车调度指挥 5. 列车运行组织 6. 车站行车组织	1. 任务制订 2. 分析轨道交通运营组织的构成及功能 3. 讨论城市轨道交通运营组织的工作任务 4. 控制中心设备的组成及功能 5. 采集资料初步认识城市轨道交通运营组织中行车调度及列车运行如何操作 6. 总结讨论评价	4
8	项目八 城市轨道交通车辆段	**知识：** 1. 能掌握车辆段的组织机构及其功能 2. 熟悉地铁车辆段总平面布置基本形式及其特点 3. 地铁车辆段及停车场布点 **技能：** 1. 城市轨道交通车辆段规划与设计 2. 城市轨道交通车辆段信号设计 3. 城市轨道交通车辆段停车场及洗车线	1. 车辆段组织机构 2. 车辆段出入线的设置 3. 车辆段设计	1. 车辆段一般技术要求 2. 车辆段总结构布置 3. 总平面设计特点 4. 出入线设计要求 5. 车辆段及停车场的分布	1. 任务制订 2. 分析城市轨道交通车辆段的组织构成及功能 3. 讨论城市轨道交通车辆段的工作任务 4. 车辆段总体平面分布形式及特点 5. 采集资料车辆段及停车场分布以及车辆段出入线的设计方法 6. 总结讨论评价	4
合计						32

课程 12　轨道交通系统认知

课程名称:轨道交通系统认知

课程性质:专业基础课

建议学时: 32 学时

适用专业:城市轨道交通机电技术

一、前言

(一)课程定位

本课程主要面向机电工程学院轨道交通机电技术等专业,为专业基础课程,安排在第二学期上,共32个学时,前续课程为轨道交通概论,旨在培养学生的对轨道交通系统的宏观了解与认识,提高学生分析问题和团队合作的能力,为后续专业核心课打下基础。

(二)教学设计思路

以项目为驱动设计课程内容。分为五大项目,项目一:售检票系统认知;项目二:屏蔽门系统的认知;项目三:消防系统认知;项目四:拓展其他轨道交通系统认知;项目五:乌鲁木齐地铁的认知。按照熟悉、认识、强化、发挥、创意展示、评价这样一条脉络进行。

二、课程目标

(一)知识目标

(1)熟悉售检票系统概念、作用及分布。

(2)熟悉屏蔽门系统概念、作用及分布。

(3)掌握屏蔽门系统的结构、操作流程。

(4)熟悉消防系统作用、分类及分布。

(5)掌握消防系统的中消防栓、灭火器的使用方法、紧急消防事故处理程序。

(二)素质目标

(1)培养学生良好的职业道德、科学严谨的工作态度。

(2)培养学生良好的沟通能力和优秀的团队协作精神。

(3)培养学生勇于创新、与时俱进的工作作风。

授课班学生组建小组,从方案设计、论证、实施、跟进、过程资料收集、测试、评价一系列的流程,培养学生严谨、积极、富有创意、合作、包容的心态。养成学生整理、整顿、清理、清洁、素养的意识。

三、课程内容与要求(表 3-2)

轨道交通系统认知课程的内容与要求 表 3-2

序号	工作项目	能力要求	模块	任务	活动设计	参考学时
1	项目一 售检票系统认知	**知识:** 1. 熟悉售检票系统概念、作用及分布 2. 掌握售检票系统的结构、售票及检票流程 **技能:** 认识自动检票机、自动售票机、半自动售票机的各个部分组成及其功能	1. 自动检票机 2. 自动售票机 3. 半自动售票机	1. 自动检票机功能结构 2. 自动售票机功能结构 3. 半自动售票机功能结构	1. 分组,组成团队 2. 分析自动售检票的概念及分布 3. 讨论自动售检票的分类及常用操作 4. 自动售检票的人性化设计 5. 总结讨论评价	4
2	项目二 屏蔽门系统的认知	**知识:** 1. 屏蔽门的作用及分布 2. 屏蔽门系统安全保护措施 **技能:** 能正确分析屏蔽门系统的动作原理、结构及常用操作	1. 屏蔽门的系统结构 2. 安全保护措施	1. 认识动作原理 2. 熟悉系统结构 3. 系统安全保护措施	1. 分组,组成团队 2. 分析屏蔽门的概念及分布 3. 讨论屏蔽门系统的分类及常用操作 4. 屏蔽门系统的安全保护措施 5. 总结讨论评价	4
3	项目三 消防系统认知	**知识:** 1. 车站消防系统的作用及分布 2. 消防系统的分类 3. 消防紧急疏散措施 **技能:** 1. 能正确独立搭建环境建立工程 2. 能掌握舵机调试及电机调试技巧	1. 消防系统功能及分布	1. 整体系统功能分析	1. 功能分析 2. 常见分类	4
				2. 分布区域	1. 分析分布原则 2. 消防通道的设置	
			2. 消防栓、灭火器使用	1. 消防栓使用注意事项 2. 学会灭火器的使用 3. 掌握消防紧急疏散措施	1. 正确使用消防栓 2. 常见灭火器的使用方法 3. 常见急救方法 4. 事故紧急疏散措施 5. 归纳总结消防系统的重要性	4

续上表

序号	工作项目	能力要求	模块	任务	活动设计	参考学时
4	项目四 拓展其他轨道交通系统认知	**知识：** 1. 熟悉项目的功能结构及分类分布情况 2. 常见的系统的操作方法 **技能：** 1. 对比前三个项目，自选一个轨道交通系统进行分析 2. 能熟练掌握分析问题的流程、方法	1. 系统的功能分析及分布	1. 选定任务 2. 分析功能及分布	1. 组队选定任务 2. 讨论明确分工 3. 实施对系统的认识和了解	4
			2. 系统分析的流程及方法掌握	1. 实施计划制订	1. 具体实施方法 2. 进度跟进	4
				2. 过程资料收集	1. 资料收集 2. 信息反馈及微调方案	
				3. 总结评价	1. 客观、公平、公正 2. 回顾与总结评价	
5	项目五 乌鲁木齐地铁的认知	**知识：** 1. 熟悉一个项目制作流程及资料收集 2. 展示视频拍摄 **技能：** 1. 能正确学会一个项目从开始到结束的整个流程 2. 能够有很好的沟通、团队合作 3. 合影留念	1. 乌鲁木齐地铁规划	1. 乌市地铁现状	1. 地铁线路规划情况 2. 进度及周边的商业区发展	4
				2. 展望未来	1. “丝绸之路”经济带中作用 2. 期待	
			2. 身临其境乌市地铁	1. 创意展示	1. 制订创意方案 2. 视频制作讲解或者其他	4
				2. 过程付出	1. 过程困难 2. 最终的收获	
				3. 团队视频资料	1. 项目的结束总结 2. 项目不足及后续的改进	
合计						32

四、实施建议

(一)教材选用和编写建议

1. 教材选用

自编《轨道交通系统认知》实训指导书。

2. 教材编写原则与要求

主要针对上述五大模块进行任务要求的下达,组织实施及工单制订,将几大项目做成统一的标准,组织实施。

(二)教学建议

班级分组学生不宜过多,5 ~ 6 人一组,分工明确,严格按照任务执行,注意过程资料的收集工作。

(三)教学考核评价建议

教学考核按过程性考核 + 项目汇报相结合的方法。

考核形式为自主考核。

(四)课程资源的开发与利用

(1)充分利用学校的课程资源库、报刊、教学挂图、投影片、音像资料和教学软件等。

(2)利用校外资源网络、媒体、国内国际比赛赛事等前沿科技来扩展学生的视野。

(五)其他说明

本课程面向城市轨道交通机电技术专业的学生,作为专业基础课,为后续专业核心课做好铺垫、培养学生项目化意识及团队合作的能力。

第四部分

核心平台课程标准

课程 13　电梯与手扶梯检修与维护

课程名称:电梯与手扶梯检修与维护
课程性质:核心平台课
建议学时:64 学时(理论 24 学时、实践 40 学时)
适用专业:城市轨道交通机电技术

一、前言

电梯与手扶梯检修与维护是城市轨道交通机电技术专业的一门必修的核心平台课程。电梯是轨道交通中最重要的电器类设备,解决电梯检测与维护,检测与维护内容,在教学中起着承上启下的作用,对于学生今后的就业奠定了坚实的基础。

(一)课程定位

本课程以电梯的常见故障为主线,注重理论与实践一体化,突出必要的专业理论,坚持必需的职业能力,兼顾企业和个人发展的需要,并采用项目化任务为组织形式进行课程设计。贴近学生今后在工作中遇到的一些实际问题,从而可以拓宽学生的知识面,以及实际与理论之间相互结合的关系。

(二)教学设计思路

本课程根据电梯维修保养的典型工作任务设立项目内容,涵盖了电梯维修保养工作中重要部件和常见设备的维修保养项目。每一项目的学习内容包括完成该项目所需的理论知识、实操技能和工作知识,以工作过程为主线、采用理论与实践一体化的教学模式在校内的相关实训场所展开现场教学。

按照“以能力为本位,以职业实践为主线,以项目课程为主体的模块化专业设计课程体系”的总体设计要求,该门课程涵盖手扶梯与电梯的常见故障,彻底打破学科课程的设计思路,紧紧围绕工作任务完成的需求来选择和组织课程内容,突出工作任务与知识的联系,让学生在职业实践活动的基础上掌握知识,增强课程内容与职业岗位能力要求的相关性,提高学生的就业能力。

二、课程目标

(一)知识目标

(1)熟悉电梯的机械结构。
(2)熟悉电梯中各主要部件的功能、作用和工作原理。
(3)了解电梯各部件的保养要求和保养方法。

(4)熟悉电梯保养的工具、材料的使用方法。

(5)熟悉电梯部件的更换条件和标准,掌握电梯部件的更换方法。

(6)熟悉电梯维修保养的质量标准。

(7)熟悉电梯维修保养工作中的安全操作规范。

(二)技能目标

(1)能编制电梯保养计划。

(2)能按安全操作规范正确进行电梯乘客解困操作。

(3)能正确使用保养工具、材料,按安全操作规范对电梯各主要部件进行保养。

(4)能运用检测工具对电梯部件进行检测,根据部件的更换条件进行判断。

(5)能正确运用维修设备、工具,按安全操作规范对电梯的主要部件进行更换。

(三)素质目标

(1)培养在项目实施过程中团队协作能力。

(2)培养在协作中的沟通能力。

(3)培养在项目实施过程中的6S理念。

三、课程内容与要求(表4-1)

四、实施建议

(一)教材选用和编写建议

1. 教材选用

本课程主要以教师自制讲义为主,以教师自制的任务书为辅,结合自制课件进行教学。其次参考实验设备的使用指导书,加入网络资料完善实训项目设计。参考教材为何峰峰主编,机械工业出版社出版的教材《电梯和自动扶梯安装维修技术与技能》。

2. 教材编写原则与要求

(1)根据专业人才培养方案的总体设计思想及本课程的教学目标要求选用合适的理论实践一体化的项目课程教材。

(2)根据高职教学特点及专业人才培养方案和本课程标准,开发院本教材。教材开发的建议如下。

①组织开发专业主干课程系列教材,以更好地实现专业人才培养目标。

②开发教材的主编和主审,须是直接参与人才培养方案和课程标准制订的骨干教师。

③教材结构和内容须符合人才培养方案和课程标准提出的要求,讲究“实在”、“实效”,编排时要符合五年制高职教学的特点和要求。

④选取的项目或课题应将企业的实际应用和学校的实际有机结合,由浅入深,由简到繁,循序渐进,符合学生的学习基础和认知规律的原则。

⑤教材编写应充分体现理论实践一体化教学的特点,理论知识和实践操作有机结合,内容的选择力求明确,可操作性强,便于贯彻“做中学、学中做”的理念。

表 4-1

电梯与手扶梯检修与维护课程内容与要求

序号	工作项目	能力要求	模块	任务	活动设计	参考学时
1	项目一 直梯噪声故障的检修	**知识：** 1. 掌握直梯轿厢的主要部件，如轿门、轿顶轮等，完成电梯的初步认知 2. 掌握曳引机构的组成 3. 熟悉电梯的对重装置结构与特点 **技能：** 会使用声级计、摇表的使用，能够分析机械零部件之间的配合关系	1. 直梯厅门故障维护 2. 直梯轿门故障维护 3. 曳引机故障维护	1. 直梯厅门的处噪声故障的处理与维护 2. 直梯轿门处噪声故障的处理与维护 3. 直梯曳引机处噪声的处理与维护	1. 进行学生的分组 2. 工具的准备工作 3. 故障诊断，确定噪声源 4. 故障的处理 5. 清理工作现场 6. 撰写报告，分享心得	12
2	项目二 直梯门体无法关闭故障的检修	**知识：** 1. 掌握厅、轿门的机械机构 2. 理解厅、轿门部件各部件在正常运行时的配合关系 3. 掌握光幕的作用 **技能：** 排除因机械部件引起的门无法紧闭的故障	1. 厅门机械部分故障处理 2. 厅门电气故障处理	1. 厅门机械系统故障导致无法关闭的故障处理 2. 厅门光幕的故障处理与维护	1. 对学生进行分组 2. 准备维护所需的工具与材料 3. 门体无法关闭的故障诊断 4. 清理工作现场 5. 撰写报告，组内人员进行经验总结	12
3	项目三 直梯平衡机构的维护	**知识：** 1. 掌握导轨清洁、润滑对于平稳、安全运行的作用 2. 理解厅、轿门部件各部件在正常运行时的配合关系 3. 掌握限位电阻的安装与调整 **技能：** 排除因机械部件引起的门无法紧闭的故障，同时能排除电阻环内的电故障	1. 导向机构引起的抖动的检修 2. 轿厢部件引起的抖动的检修	1. 导轨单一故障的检修 2. 导轨、轿门配重引起抖动故障的检修 3. 限位电阻故障引起的抖动故障处理 4. 轿厢部件故障引起的故障处理	1. 分组组建团队，进行任务的分工 2. 工具材料的准备 3. 导轨的检测与维护（轿厢、对重装置的撞板与缓冲器顶的检测与维护） 4. 清理工作现场 5. 撰写报告，分组汇报心得	10
4	项目四 直梯控制电气系统故障的检修	**知识：** 1. 掌握电梯中电气部件的作用 2. 理解电气部件发生故障频率高的原因 3. 掌握电路图纸的信息 **技能：** 确定故障点以及动手更换损坏部件的能力	1. 保护电器故障处理 2. 配电柜内电气故障处理	1. 保护电器引起突然停车故障的处理 2. 电气系统绝缘引起的故障检修 3. 电气电子元件损坏引起的故障处理	1. 分小组进行任务的分工 2. 工具与电气安全用具的准备 3. 电气故障的处理 4. 清理现场 5. 撰写报告，分享心得	10

续上表

序号	工作项目	能力要求	模块	任务	活动设计	参考学时
5	项目五 手扶梯梯级故障的维护	**知识：** 1. 掌握电手扶梯梯级的各部分结构 2. 掌握梯级之间相互配合的原理 3. 了解外移导轮的组装 **技能：** 确定梯级等机械故障的故障点并能够维修	手扶梯梯级工作故障的检修	1. 手扶梯的梯级跑偏故障的处理 2. 运行中梯级翘起的故障检修	1. 手扶梯结构的认知 2. 手扶梯装配过紧、支架孔不同轴引起的故障分析 3. 确定任务、小组讨论维护任务实现方式 4. 梯级工作的原理与结构 5. 工具与安全用具的准备 6. 进行故障的维护 7. 清理现场 8. 撰写报告，分享心得	10
6	项目六 手扶梯传动系统故障的维护	**知识：** 1. 掌握电手扶梯梯级的各部分结构 2. 掌握梯级之间相互配合的原理 3. 了解外移导轮的组装 **技能：** 确定梯级等机械故障的故障点并能够处理故障	机械部件引起的震颤维修	1. 传动系统各部件原理以及故障的检修 2. 电机传动轴引起的故障处理 3. 链条无法正常运转的故障处理	1. 分小组进行手扶梯传动系统知识的收集 2. 准备工具与安全用具 3. 传动故障的诊断 4. 对故障进行相应的处理 5. 清理现场 6. 撰写报告，小组进行经验总结	10
合计						64

⑥教材语言平实、图文并茂,便于学生自主学习。注重新技术、新知识、新工艺、新方法的介绍,适度关注学生的可持续发展,为学有余力的学生留下进一步拓展知识能力的内容和空间。

3. 教学参考资料使用建议

建议教师指导学生进行实际设备资料的查阅,进行专业素养方面的培养,从平时的课堂抓起,从而可以在学生面对工作岗位时,更快地融入工作岗位。在教学参考资料方面,更多的去使用一些实际工作的规范资料,让学生的工作前就熟悉实际工作的规范与规则。

(二)教学建议

在教学过程中,应加强学生实际操作能力的培养,通过项目训练,任务的完成来提高学生学习兴趣,激发学生的成就感,每个项目的实施可根据操作设备的多少采用分小组合作的方法,强化学生的团队协作精神。加强学生处理实际问题的动手能力,以及吃苦耐劳的特性,从而作为一名熟练地电梯维修专业人员,尽可能让学生自己去动手完成一个工作故障,采用小组的编排,更能够发挥学生的主观能动性,互相之间可以相互学习,相互促进。

(三)教学考核评价建议

本课程的考核采取过程考核方式,即以各个学习项目为载体作为考核评价单元,以每个项目中的各个任务的完成情况为依据,主要从职业素质养成、理论知识、实践技能的掌握情况三方面来考核学生的完成情况。成绩组成如表 4-2 所示。

成 绩 组 成 表 4-2

考勤情况	项目一	项目二	项目三	项目四	项目五	项目六	合计
20%	10%	10%	10%	20%	10%	20%	100%

(四)课程资源的开发与利用

多组织学生进行电梯实际维修现场的参观,有条件的应争取将学生分成若干小组分别到若干实习基地进行电梯、手扶梯的实践,以强化学生的专业技能。针对教学的需要和难点,对技术性强,学校能力(含师资)滞后的内容,要充分利用联合技术学院机电协作组的资源优势,相互学习帮助,以促进相关课程教学,特别是对一些尚未开发但能切实提高教学效率和质量的相关教学资源,要组织力量,开发相应的影像资料、多媒体课件、PPT 文本资料等辅助教学资源。并逐步实现资源共享,共同提高。

课程 14　城市轨道交通安全管理

课程名称:城市轨道交通安全管理
课程性质:核心平台课
建议学时: 48 学时
适用专业:城市轨道交通机电技术

一、前言

(一)课程定位

城市轨道交通安全管理课程全面地阐述城市轨道交通运营的安全知识,突出了职业教育特色,围绕 职业能力的形成组织课程内容,从城市轨道交通运营安全管理概述、城市轨道交通设备与基础设施、城市轨道交通运营安全保障技术、城市轨道交通运营安全保障系统、城市轨道交通危险源识别与控制、城市轨道交通运营安全事故分析、城市轨道交通运营安全基础理论与常用方法、城市轨道交通安全管理方法与规章制度、城市轨道交通运营安全评价、城市轨道交通应急管理、城市轨道交通常见事故处理案例等多方面介绍了城市轨道交通运营管理技术。熟悉 OHSAS 职业健康安全管理体系。

(二)教学设计思路

本课程的设计思路是以就业为导向,根据交通安全专业所涉及的基础知识内容,分解成若干教学活动,在校内实习、校外参观实习中学习及提高实际操作技能,加深对专业知识的理解和应用,培养学生的综合职业能力和可持续发展能力。整个课程内容的知识介绍以够用为度,操作技能力求熟练。在学生完成工作任务过程中,学会从事本专业工作的知识和技能,学生既能掌握基础知识和基本技能,又具备了一定的分析问题和解决问题能力,最终达到培养城市轨道交通安全管理人才的目的。

本课程坚持"边学边做"、"边做边学"为课程授课形式。在课程实施中,采用多媒体教学、实例教学法、案例分析、项目指导、教学做一体等方法,针对每一个工作过程环节来实现相关课程内容的学习和掌握。将课程的相应模块对应不同的四个行动领域,形成课程内容体系。

二、课程目标

通过工学结合、校企合作的任务驱动型项目活动培养学生具有良好职业道德、专业技能水平、可持续发展能力,使学生掌握交通安全的专业认知能力、交通事故应急处理的专业测试技能,初步形成一定的学习能力和课程实践能力,并培养学生诚实、守信、负责、善于沟通和合作的团队意识,及其重质量、守规范和安全意识,提高学生各专门化方面的职业能力,并通过理论、实训、实习相融合的教学方式，边讲边学、边学边做、做中学、学中做，把学生培养成为具有良好职业道德的、具有交通安全管理的理论知识和实践操作技能的、以适应市场对城市轨道交通安全管理人才的需求。

（一）知识目标

（1）了解城市轨道交通安全运营的基本手段和常用方法。

（2）了解城市轨道交通运营的安全。

（3）掌握处理常见事故的方法和技能。

（4）掌握城市轨道交通安全管理的实际需要。

（二）能力目标

（1）城市轨道交通安全管理的专业认知能力。

（2）熟悉城市轨道交通企业安全管理的基本方法。

（3）灵活运用城市轨道交通安全管理原则和安全管理手段于实践中。

（4）熟悉我国城市轨道交通安全管理相关的法律法规。

（5）掌握制订事故应急预案的基本方法。

（6）深刻认识心理因素对安全生产的影响。

（7）掌握一定防火灭火基础知识。

（三）素质目标

（1）具备基本的安全常识。

（2）有主动学习、自我发展能力。

（3）有分工合作、团队协作能力。

（4）与人交流的能力。

（5）应急事故处理能力。

（6）具备综合分析、解决实际问题的能力。

（7）开拓创新的能力。

三、课程内容与要求

本课程重点为城市轨道交通运营安全保障系统、城市轨道交通危险源识别与控制、城市轨道交通运营安全事故分析、城市轨道交通运营安全基础理论与常用方法、城市轨道交通运营安全评价、城市轨道交通应急管理、城市轨道交通常见事故处理案例。课程内容及要求见表4-3。

四、实施建议

（一）教材选用和编写建议

1. 教材选用

教材选用西南交通大学出版社出版的《城市轨道交通安全管理》，也可采用自编教材。

2. 教材编写原则与要求

教材编写采用案例分析逻辑进行编写，选取国内外典型地铁安全事故案例进行分析，融入知识与能力目标。

表 4-3

城市轨道交能安全管理课程内容与要求

序号	工作项目	能力要求	模块	任务	活动设计	参考学时
1	项目一 轨道交通安全管理体系认知与实践	**知识：** 1. 认识理念 2. 理解轨道交通安全管理体系 3. 具有整理整顿意识 **技能：** 运用轨道交通安全管理原则和方法，并运用到实践中	1. 轨道交通安全管理体系认知	1. 查询各地铁公司安全管理制度 2. 分析各地铁公司安全管理差异	1. 分小组进行资讯收集 2. 小组进行讨论，提出本组轨道交通安全管理理念及观点 3. 进行分组分角色（总工程师、现场安全员、司机、运营人员、信号员、调度员等） 4. 尝试编制一套完整的安全管理体系 5. 小组讨论评价总结	4
			2. 轨道交通安全管理体系实践	1. 分角色进行演练 2. 为乌鲁木齐地铁设计一套安全管理应急预案		6
2	项目二 FAS 系统操作	**知识：** 1. 了解主流 FAS 系统操作 2. 熟悉 FAS 系统的原理 3. 掌握 FAS 系统的结构 **技能：** 1. 会操作 FAS 系统的现场设备 2. 会操作 FAS 系统的集控相关设备	1. FAS 系统现场设备操作	1. 传感设备认识 2. 送水系统认识 3. 水泡操作 4. 报警设备检查	1. 寻找相关现场设备 2. 记录现场设备并分析功能型号 3. 操作演练现场设备 4. 小组评价	4
			2. FAS 系统监控中心设备操作	1. FAS 系统结构及原理认识 2. FAS 监控中心设备操作	1. 寻找相关 FAS 监控中心设备 2. 分析 FAS 系统结构及原理 3. 操作演练中心系统 4. 小组评价	6

续上表

序号	工作项目	能力要求	模块	任务	活动设计	参考学时
3	项目三 一线安全管理员素养	**知识：** 1. 企业安全消防术语和定义 2. 消防安全职责、步骤 3. 防火检查安全演练 **技能：** 1. 通过对企业安全消防学习，确实树立安全意识 2. 学会灭火防火、安全操作杜绝安全隐患	1. 消防安全职责、操作流程	1. 消防安全责任人职责 2. 消防安全管理人职责 3. 消防安全归口管理职能部门职责 4. 员工消防安全职责 5. 公司副总经理和部门经理消防安全职责	1. 组建小组、确定任务 2. 查询对各个岗位中安全消防的职责 3. 分组分角色扮演 4. 过程资料的收集 5. 展示演练 6. 总结评价	4
			2. 消防安全管理措施	1. 消防安全管理措施 2. 消防安全教育制度 3. 消防设施维护保养制度 4. 消防器材维护保养制度	1. 确定任务、小组讨论 2. 查询对各个安全消防管理措施制度的认识 3. 分组尝试制订消防安全管理制度保养制度 4. 过程资料的收集 5. 展示汇报总结评价	4
			3. 灭火和应急疏散演练	1. 演练的目的 2. 演练的步骤 3. 扑救初级火灾、报警、引导人员疏散的任务	1. 确定任务、小组合作讨论 2. 对演练目的认识、及步骤场地选择 3. 扑救初级火灾、及时撤离引导疏散 4. 各组出一人担任裁判、并注意过程资料的收集 5. 展示汇报总结评价	4

续上表

序号	工作项目	能力要求	模块	任务	活动设计	参考学时
4	项目四 急救与安全预案	**知识：** 1. 急救分类 2. 安全职责、步骤 3. 安全疏散预案编制原则 **技能：** 1. 能够在现场实施急救 2. 能够设计安全疏散预案	1. 急救实施	1. 急救类别 2. 急救实施	1. 收集急救相关资讯 2. 分组分析急救的措施 3. 每个组选择不同的急救措施进行演练 4. 各小组进行交流评价 5. 总结评价	4
			2. 站台安全疏散预案	1. 收集站台站厅安全案例 2. 分析站台安全事故特点，并进行预案设计 3. 实施预案	1. 收集站台安全事故相关案例 2. 分组分析案例并进行交流 3. 每个组选择不同类型的安全事故进行预案编制和演练 4. 各小组进行交流评价 5. 总结评价	6
			3. 隧道与车辆安全疏散预案	1. 收集站台站厅安全案例 2. 分析隧道及车辆安全事故特点，并进行预案设计 3. 实施预案	1. 收集隧道和车辆安全事故相关案例 2. 分组分析案例并进行交流 3. 每个组选择不同类型的安全事故进行预案编制和演练 4. 各小组进行交流评价 5. 总结评价	6
合计						48

(二)教学建议

教学方法上,将传统的教学手段和现代教育技术协调应用,强调理论教学与实践教学并重,重视在实践教学中培养学生的实践能力和创新能力。本课程从教学方法和教学手段两个方面进行课程改革和优化,在课堂教学、网络教学、实践教学三个层面上进行有益的尝试,以增强学生自主式学习的兴趣,提高学生的学习热情。

本课程主要使用多媒体教学和网络教学两种手段,充分发挥多媒体在动画、语音、颜色等方面的特色,调动学生学习的积极性,提高课堂效率;发挥网络教学对学生主动性方面不可替代的作用,充分利用网络学堂,促进学生自主学习、拓展知识面。配合理论教学,增强实践性教学环节,增强综合性设计训练环节,培养学生的工程设计能力和创新能力。

(三)教学考核评价建议

课程采用过程性考核,成绩组成如表 4-4 所示。

教学考核评价　　表 4-4

出勤情况	项目一	项目二	项目三	项目四	合计
30%	10%	15%	20%	25%	100%

(四)课程资源的开发与利用

(1)充分利用学校的课程资源库、报刊、教学挂图、投影片、音像资料和教学软件等。

(2)利用校外资源网络、媒体、国内国际比赛赛事等前沿科技来扩展学生的视野。

(五)其他说明

(1)授课:教、学、做、练相结合。

(2)环境:轨道交通实训中心。

课程 15　屏蔽门系统检修

课程名称：屏蔽门系统检修
课程性质：核心平台课
建议学时：64 学时
适用专业：城市轨道交通机电技术

一、前言

（一）课程定位

屏蔽门、安全门将站台区域与隧道轨行区完全隔离，减少站台区与轨行区之间冷热气流的交换，减少车站供冷系统的负荷，降低通风与空调系统的能耗，降低了运营成本；可防止人员或物体落入轨道产生意外事故，提高了乘客候车的安全性；屏障列车运行噪音，消除列车活塞风对站台的影响，改善地铁车站的空气质量。为乘客创造了舒适、安全的候车环境。如何正确运行、维护及检修，确保设备处于完好状态，是保证地铁运营的重要环节，闸机是轨道交通运营中的重要设备，因此，是城市轨道交通机电技术专业的核心课程，是铁道供电技术、轨道交通运营管理等专业的专业拓展课程，为培养学生对屏蔽门和安全门的运行、检修的标准，加强学生对闸机运行、检修及管理的能力培养，特制订课程标准。

（二）教学设计思路

本课程的设计思路是以岗位能力为导向，根据课程所涉及的屏蔽门、安全门、闸机的基础知识内容和维修要点，分解成若干教学项目，重点提高实际操作技能。整个课程内容的知识掌握以深入掌握为要求，操作技能力求熟练。在学生完成工作任务过程中，学会从事本专业工作的知识和技能，学生既能掌握基础知识和基本技能，又具备了一定的分析问题和解决问题能力。

本课程坚持“边学边做”、“边做边学”为课程授课形式。在课程实施中，采用多媒体教学、实例教学法、案例分析、项目指导、教学做一体等方法，针对每一个工作过程环节来实现相关课程内容的学习和掌握。将课程的相应模块对应不同的四个行动领域，形成课程内容体系。

二、课程目标

屏蔽门系统检修是一门非常总要的专业核心课程，培养学生对屏蔽门系统各个部分的检修工艺，熟悉各个部分的结构、原理，最终能够根据岗位要求对定修对象进行系统检修。

（一）知识目标

（1）认识 PSA、PEC、PSL、顶盒的面板构成。

(2)熟悉相关定修工具的结构和使用。

(3)掌握屏蔽门系统原理。

(4)掌握屏蔽门机械系统、电气系统、控制系统的组成及原理。

(5)掌握活动门、应急门、端门的机械结构及其原理。

(6)熟悉活动门、应急门、端门的双周、月度、季度定修的工艺流程,掌握电气绝缘的原理。

(7)熟悉电气系统、电源模块、等电位连接的定修工艺。

(8)熟悉 PSS 和逆变器的定修工艺。

(9)掌握屏蔽门传动系统装置的结构及其原理。

(10)掌握屏蔽门系统解锁装置原理及组成。

(二)技能目标

(1)能运用相应的工具设备对 PSA、PEC、PSL 进行检修。

(2)能运用相应的工具设备对活动门进行检修。

(3)能运用相应的工具设备对应急门、端门进行检修。

(4)能运用相应的工具设备对电气绝缘系统、电源模块、PSS、逆变器进行检修。

(5)能运用相应的工具设备对传动系统和解锁装置进行检修。

(三)素质目标

(1)具备基本的安全常识。

(2)有主动学习、自我发展能力。

(3)有分工合作、团队协作能力。

(4)与人交流的能力。

(5)应急事故处理能力。

(6)具备综合分析、解决实际问题的能力。

(7)开拓创新的能力。

三、课程内容与要求

根据岗位能力要求,本课程重点为城市轨道交通屏蔽门系统中的活动门,应急门和端门的检修,进而对 PSA、PEC、PSL、顶盒等部分进行分时段工艺定修训练,同时对电气绝缘、电源模块等进行定修内容进行实训,见表 4-5。

四、实施建议

(一)教材选用和编写建议

1. 教材选用

教材选用人力资源与社会保障部出版的《城市轨道交通机电设备维修—屏蔽门检修》,也可采用自编教材。

2. 教材编写原则与要求

教材编写采用定修工艺流程进行编写,选取乌鲁木齐地铁屏蔽门型号为案例进行分析,注重细节表达,融入知识与能力目标。

屏蔽门系统检修课程的内容与要求

表 4-5

序号	工作项目	能力要求	授课内容	活动设计	参考学时
1	项目一 屏蔽门系统操作部分定修工艺	**知识：** 1. 认识 PSA、PEC、PSL、顶盒的面板构成 2. 熟悉相关定修工具的结构和使用 3. 掌握屏蔽门系统原理 4. 掌握屏蔽门机械系统、电气系统、控制系统的组成及原理 **技能：** 能运用相应的工具设备对 PSA、PEC、PSL 进行检修	1. 巡检人员到车控室内进行 PSA（操作指示盘）检查 2. 屏蔽门月度保养 PSA（操作指示盘）定修工艺 3. 屏蔽门季度保养 PSA（操作指示盘）定修工艺 4. 巡检人员到车控室内进行 PEC（屏蔽门紧急控制面板）检查通过测试按钮，测试 PEC 灯功能是否正常 5. 屏蔽门月度保养 PEC（屏蔽门紧急控制面板）定修工艺 6. 屏蔽门季度保养 PEC（屏蔽门紧急控制面板）定修工艺 7. 用专用钥匙转动“紧急控制”钥匙开关到“PEC 自动”位置屏蔽门半年度保养 PEC（屏蔽门紧急控制面板）定修工艺 8. 屏蔽门双周保养屏蔽门管理室定修工艺 9. 屏蔽门双周保养 PSL 站台端头控制面板定修工艺 10. 屏蔽门月度保养 PSL 站台端头控制面板定修工艺 11. 屏蔽门季度保养 PSL 站台端头控制面板定修工艺 12. 屏蔽门半年度保养 PSL 站台端头控制面板定修工艺 13. 屏蔽门系统顶盒内部结构季度保养定修工艺 14. 屏蔽门系统顶盒内部结构年度保养定修工艺	1. 寻找相关现场设备资料 2. 设备状况分析 3. 操作演练现场设备 4. 形成定修报告 5. 小组汇报及评价	20
2	项目二 屏蔽门系统门部分定修工艺	**知识：** 1. 掌握活动门、应急门、端门的机械结构及其原理 2. 熟悉活动门、应急门、端门的双周、月度、季度定修的工艺流程 **技能：** 1. 能运用相应的工具设备对活动门进行检修 2. 能运用相应的工具设备对应急门、端门进行检修	1. 屏蔽门双周保养活动门定修工艺 2. 屏蔽门月度保养活动门定修工艺 3. 屏蔽门季度保养活动门定修工艺 4. 屏蔽门半年度保养活动门定修工艺 5. 屏蔽门双周保养应急门定修工艺 6. 屏蔽门月度保养应急门定修工艺 7. 屏蔽门季度保养应急门定修工艺 8. 屏蔽门双周保养端头门定修工艺 9. 屏蔽门月度保养端头门定修工艺 10. 屏蔽门季度保养端头门定修工艺	1. 寻找相关现场设备资料 2. 设备状况分析 3. 操作演练现场设备 4. 形成定修报告 5. 小组汇报及评价	20

续上表

序号	工作项目	能力要求	授课内容	活动设计	参考学时
3	项目三 屏蔽门系统电气部分定修工艺	**知识：** 1. 掌握电气绝缘的原理 2. 熟悉电气系统、电源模块、等电位连接的定修工艺 3. 熟悉 PSS 和逆变器的定修工艺 **技能：** 能运用相应的工具设备对电气绝缘系统、电源模块、PSS、逆变器进行检修	1. 屏蔽门系统电气绝缘定修工艺 2. 屏蔽门电源模块半年度保养定修工艺 3. 屏蔽门电源模块年度保养定修工艺 4. 屏蔽门系统等电位连接定修工艺 5. 主机 PSS 定修工艺 6. 屏蔽门系统逆变器定修工艺	1. 寻找相关现场设备资料 2. 设备状况分析 3. 操作演练现场设备 4. 形成定修报告 5. 小组汇报及评价	12
4	项目四 屏蔽门系统传动与解锁部分定修工艺	**知识：** 1. 掌握屏蔽门传动系统装置的结构及其原理 2. 掌握屏蔽门系统解锁装置原理及组成 **技能：** 能运用相应的工具设备对传动系统和解锁装置进行检修	**屏蔽门系统传动装置定修工艺：** 1. 日常保养 2. 保障传动装置润滑 3. 传动装置与活动门扇的接口结构 4. 保障传动连接的可靠性 **屏蔽门系统解锁装置定修工艺：** 1. 手动关门试验，检查锁定销解锁情况 2. 保障活动门的自动解锁功能 3. 手动解锁 4. “门锁定位置”检测开关 5. 电机装置	1. 寻找相关现场设备资料 2. 设备状况分析 3. 操作演练现场设备 4. 形成定修报告 5. 小组汇报及评价	12
合计					64

(二)教学建议

教学方法上,重视在实践教学中培养学生的实践能力和执行能力,在检修过程中融入6S教育。主要使用多媒体教学和网络教学两种手段,充分发挥多媒体在动画、语音、颜色等方面的特色,调动学生学习的积极性,提高课堂效率,增强在实践环节的作用。

(三)教学考核评价建议

课程采用过程性考核,成绩组成如表4-6所示。

教学考核评价 表4-6

出勤情况	项目一	项目二	项目三	项目四	合计
30%	15%	25%	15%	15%	100%

(四)课程资源的开发与利用

(1)对每个定修工艺步骤进行详细记录,保存成册。

(2)开发相关微课。

课程 16　车站集控系统操作与维护

课程名称:车站集控系统操作与维护
课程性质:核心平台课
建议学时: 32 学时
适用专业:城市轨道交通机电技术

一、前言

(一)课程定位

本课程主要面向机电工程学院城市轨道交通机电技术专业,为专业核心课程,安排在第四学期上,共 32 个学时,前续课程为轨道交通系统认知,旨在培养学生的对轨道交通系统车站集控系统的了解与认识,掌握五大系统(自动售检票、门禁、动力照明、通风空调、给排水系统)的操作与维护,同时提高学生分析问题和团队合作的能力,为后续实习就业打下基础。

(二)教学设计思路

以项目为驱动,设计项目课程,分为五大项目,项目一:自动售检票系统操作与维护;项目二:门禁、安检系统操作与维护;项目三:动力照明系统操作与维护;项目四:通风、空调系统操作与维护;项目五:给排水系统操作与维护。

二、课程目标

(一)知识目标

(1)熟悉售检票系统概念、作用及分布。
(2)掌握 TVM 的操作与维护。
(3)熟悉 BOM 日常操作与维护。
(4)掌握屏蔽门系统的结构、操作流程。
(5)掌握照明系统的日常操作与维护。
(6)掌握暖通空调系统常用操作与日常维护。
(7)掌握给排水系统日常操作与维护。

(二)素质目标

(1)培养学生良好的职业道德、科学严谨的工作态度。
(2)培养学生良好的沟通能力和优秀的团队协作精神。
(3)培养学生勇于创新、与时俱进的工作作风。

授课班学生组建小组,从方案设计、论证、实施、跟进、过程资料收集、测试、评价一系列的流程,培养学生严谨、积极、富有创意、合作、包容的心态。养成学生整理、整顿、清理、清洁、素养的意识。

三、课程内容与要求(表4-7)

四、实施建议

(一)教材选用和编写建议

1. 教材选用

自编《城市轨道交通车站机电设备维护》教材。

2. 教材编写原则与要求

主要针对上述五大模块进行任务要求的下达,组织实施及工单制订,将几大项目做成统一的标准,组织实施。

(二)教学建议

班级分组学生不宜过多,5~6人一组,分工明确,严格按照任务执行,注意过程资料的收集工作。

(三)教学考核评价建议

教学考核分为:过程性考核与项目汇报相结合的方法。

形式分为:自主考核。

(四)课程资源的开发与利用

(1)充分利用学校的课程资源库、报刊、教学挂图、投影片、音像资料和教学软件等。

(2)利用校外资源网络、媒体等前沿知识来扩展学生的视野。

(五)其他说明

本课程面向城市轨道交通机电技术专业的学生,作为专业核心项目课,培养学生项目化意识及团队合作的能力,为后续实习就业打下良好的基础。

车站集控系统操作与维护课程的内容与要求

表 4-7

序号	工作项目	能力要求	模块	任务	活动设计	参考学时
1	项目一 自动售检票系统操作与维护	**知识：** 1. 熟悉售检票系统概念、作用及分布 2. 掌握售检票系统的常用操作与维护方法 **技能：** 认识自动检票机、自动售票机、半自动售票机的各个部分组成及其功能；掌握 BOM、TVM、AG 操作维护	1. 自动检票机 2. 自动售票机 3. 半自动售票机 4. 自动查询机	1. 自动检票机功能结构与操作维护 2. 自动售票机功能结构结构与操作维护 3. 半自动售票机功能结构结构与操作维护 4. 自动查询机结构与操作维护	1. 分组，组成团队 2. 分析自动售检票的机构及分布 3. 讨论自动售检票的分类及常用操作 4. 小组选择其中一模块进行进行比赛 5. 注意操作检修要点及方法 6. 总结讨论评价奖励	4
2	项目二 门禁、安检系统操作与维护	**知识：** 1. 屏蔽门的作用、结构及分布 2. 屏蔽门日常操作 3. 安检仪作用分布及结构 **技能：** 能正确分析屏蔽门、安检仪的动作原理、结构及常用操作	1. 屏蔽门的操作与维护 2. 安检仪日常操作与维护	1. 认识动作原理 2. 熟悉系统结构 3. 屏蔽门结构分布 4. 安检仪功能机构	1. 分组，组成团队，下达任务 2. 分析屏蔽门、安检仪的功能及分布 3. 组内讨论屏蔽门、安检仪系统的分类及常用操作及维护 4. 重点操作与维护，组内评选、组间 PK 5. 总结讨论评价奖励	4
3	项目三 动力照明系统操作与维护	**知识：** 1. 低压配电系统的作用及分布 2. 照明系统分布及常用操作 **技能：** 1. 能掌握低压配电系统结构、低压安全柜的常用操作 2. 能掌握低压配电系统日常维护 3. 能掌握车站照明系统的设置	1. 低压配电系统操作与维护	1. 整体系统功能分析、分布	1. 功能分析 2. 分布	4
				2. 系统操作	1. 低压配电柜的安全操作 2. 指示灯不同含义操作	
				3. 系统维护	1. 维护流程 2. 低压配电设备的维护	
			2. 照明系统操作与维护	1. 照明系统分类及配电方式 2. 照明系统安全操作规范 3. 照明系统日常维护	1. 功能分析及分布 2. 照明系统的安全操作 3. 维护项目分析 4. 配电室集中控制 5. 总结维护流程	4

续上表

序号	工作项目	能力要求	模块	任务	活动设计	参考学时
4	项目四 通风、空调系统操作与维护	**知识：** 1. 握车站暖通空调系统的分类、组成 2. 掌握车站空调水系统的运行原理 **技能：** 1. 掌握车站暖通空调系统的控制方式 2. 识别车站暖通空调系统的常见设备 3. 通风空调系统常用操作与维护方法	1. 系统的功能分析及分布	1. 选定任务 2. 分析功能及分布	1. 组队选定任务 2. 讨论明确分工 3. 实施对系统的认识和了解	4
			2. 系统日常操作及维护	1. 风机的操作与维护	1. 风机的分类及操作规范 2. 常见的维护方法	4
				2. 空调水系统常用操作及维护	1. 空调系统常用操作 2. 维护及保养注意事项	
				3. 电动机的操作与维护	1. 电动机常见维修项目 2. 简单的事故处理法	
5	项目五 给排水系统操作与维护	**知识：** 1. 了解排水系统功能、及分类 2. 熟练地下车站水网管道的布置 **技能：** 1. 了解给水系统功能、及分类 2. 熟练地下车站水网管道的布置 3. 掌握给排水系统操作与常见维护	1. 给排水基本构成、功能及分布	1. 给排水系统构成	1. 绘制系统框图 2. 给排水系统分类	4
				2. 给水设备及管网布置	1. 常见给水设备组成 2. 管网的设置	
			2. 给排水系统操作与维护	1. 潜水泵的注意事项 2. 排水泵的保养维护 3. 管网的维护	1. 水泵分类 2. 排水管的维护 3. 阀门的操作与维护 4. 控制系统的操作维护 5. 电机维护 6. 排污泵轴承	4
合计						32

第五部分

拓展平台课程标准

课程 17　轨道交通信号基础设备维护

课程名称:轨道交通信号基础设备
课程性质:拓展平台课
建议学时: 48 学时
适用专业:城市轨道交通机电技术

一、前言

(一)课程定位

轨道交通信号基础设备维护是城市轨道交通类专业的一门专业课程。通过本课程的学习使学生对信号机、转辙机、轨道电路等各信号基础设备的安装、调试、维护及故障处理有概括性地认识。培养学生从事城市轨道交通信号类岗位工作的职业能力。本课程与前修课程城市轨道交通概论、电工基础,后续课程各相关专业的专业核心课程相衔接。

(二)设计思路

通过对城市轨道交通控制专业信号工等职业岗位的分析,确定本课程建设思路是:以理论知识为前导,采用典型工作任务的教学方式。在通用信号设备检修实训基地,以学生为主体,在教中做,在做中学。以信号设备为载体,以其安装、使用、调试、维护及故障处理为任务,进行信号设备的日常养护与故障处理工作,从而形成职业能力,为学生今后专业发展打下坚实基础。

二、课程目标

(一)能力目标

(1)能读懂相关的电气和配线图册。

(2)具备简单继电电路的识读能力。

(3)具备各信号设备安装、调试、维护与故障检测与处理的能力。

(4)具备熟练使用各种电工工具仪表的能力。

（二）知识目标

（1）掌握信号机、转辙机、轨道电路等信号设备的功能。

（2）掌握信号机、转辙机、轨道电路等信号设备的安装的知识。

（3）掌握各通用信号设备调试、维护和故障检修的知识。

（4）熟练掌握各通用信号设备常见故障发现、排除及处理的知识。

（三）素质目标

（1）培养学生良好的职业道德、科学严谨的工作态度。

（2）培养学生良好的沟通能力和优秀的团队协作精神。

（3）培养学生勇于创新、与时俱进的工作作风。

（4）培养学生共享知识的能力，即团队合作能力。

三、教学内容与要求

依据城市轨道交通控制专业人才培养目标要求，本课程教学内容为五个主要学习情境，信号机故障检测与处理、转辙机故障检测与处理、轨道电路故障检修与处理、道岔故障检修与处理、控制台的使用，其内容涵盖通用信号设备大部分基础知识，具体内容如表 5-1 所示。

四、实施建议

（一）教材及相关资源

本课程建议选用以下教材：

（1）《城市轨道交通信号基础设备维护》，主编高嵘华、吴广荣，西南交通大学出版社，是职业教育城市轨道交通专业规划教材。

（2）《信号检修工》，作者广州市地下铁道公司，中国劳动社会保障出版社，是城市轨道交通信号检修工的岗位技能教育培训用书。

（二）教学建议

本课程主要使用项目教学法，综合采用讲授法、小组讨论法、教师指导等多种教学方法。充分调动学生学习兴趣，促进学生积极思考与实践，进而促进学生职业能力的提高。

（三）教学考核与评价

本课程的考核采取过程考核方式，其是以各个学习项目为载体作为考核评价单元，以每个项目中的各个任务的完成情况为依据，主要从职业素质养成、理论知识、实践技能的掌握情况三方面来考核学生的完成情况。成绩组成如表 5-2 所示。

表 5-1

轨道交通信号基础设备维护教学内容与要求

<table>
<tr><th>序号</th><th>工作项目</th><th>能力要求</th><th>模块</th><th>任务</th><th>活动设计</th><th>参考学时</th></tr>
<tr><td rowspan="2">1</td><td rowspan="2">项目一
继电器、信号机故障检测与处理</td><td rowspan="2">知识：
1. 理解继电器、信号机的分类及功能
2. 熟练掌握各电工工具及仪表的使用方法
3. 掌握继电器、信号机日常养护的基本知识
4. 掌握继电器、信号机常见故障检测与处理的知识
技能：
掌握继电器、信号机的分类及功能，具备信号机维护、调试、常见故障检测与处理的能力</td><td>1. 继电器拆装与检修</td><td>1. 理解原理
2. 绘制结构
3. 拆装与检修</td><td rowspan="2">1. 分小组进行资讯收集
2. 小组进行讨论，提出继电器、信号机的原理、结构、拆装步骤
3. 解读 1～2 个继电电路
4. 拆装实施
5. 编制检修工单
6. 小组汇报、讨论、评价、总结</td><td rowspan="2">8</td></tr>
<tr><td>2. 信号机拆装与检修</td><td>1. 理解原理
2. 绘制结构
3. 拆装与检修</td></tr>
<tr><td rowspan="2">2</td><td rowspan="2">项目二
转辙机故障检测与处理</td><td rowspan="2">知识：
1. 理解转辙机的分类及功能
2. 掌握 ZD6 型直流电动转辙机的基本工作原理
3. 掌握 ZD6 型直流电动转辙机日常养护的基本知识
4. 掌握转辙机常见故障检测与维修的知识
技能：
掌握 ZD6 型直流电动转辙机的分类、功能，具备转辙机维护、常见故障检测与处理的能力</td><td>1. 转辙机拆装</td><td>1. 理解原理
2. 绘制结构
3. 拆装实践</td><td rowspan="2">1. 分小组进行资讯收集
2. 小组进行讨论，提出转辙机原理、结构、拆装步骤
3. 拆装实施
4. 编制检修工单
5. 小组讨论评价总结</td><td rowspan="2">12</td></tr>
<tr><td>2. 转辙机检修</td><td>1. 常见故障案例收集
2. 编制检修工单</td></tr>
<tr><td rowspan="2">3</td><td rowspan="2">项目三
轨道电路故障检测与处理</td><td rowspan="2">知识：
1. 理解 25Hz 相敏轨道电路的功能及基本工作原理
2. 掌握常用电工工具仪表的使用方法
3. 掌握轨道电路日常养护的基本知识
4. 掌握轨道电路两种常见故障，极性交叉与超限绝缘的检修与故障处理的知识
技能：
掌握轨道电路的功能，具备轨道电路维护、调试、常见故障检测与处理的能力</td><td>1. 轨道电路原理认识</td><td>1. 轨道电路原理
2. 轨道电路分类</td><td rowspan="2">1. 确定任务、小组合作讨论
2. 轨道电路原理、分类进行简述
3. 收集常见故障案例，提出排除方法与步骤
4. 各组出一人担任裁判、并注意过程资料的收集
5. 展示汇报总结评价</td><td rowspan="2">8</td></tr>
<tr><td>2. 轨道电路故障检测与处理</td><td>1. 轨道电路常见故障案例
2. 轨道电路常见故障检测
3. 轨道电路常见故障排除</td></tr>
</table>

续上表

<table>
<tr><th>序号</th><th>工作项目</th><th>能力要求</th><th>模块</th><th>任务</th><th>活动设计</th><th>参考学时</th></tr>
<tr><td rowspan="2">4</td><td rowspan="2">项目四
计轴器故障检测与处理</td><td rowspan="2">知识：
1. 理解计轴器的基本工作原理
2. 掌握计轴器的安装方法
3. 掌握计轴器的调试方法
4. 掌握计轴器的常见故障及排除
技能：
掌握计轴器的功能，具备计轴器安装、维护、调试、常见故障检测与处理的能力</td><td>1. 计轴器原理认知</td><td>计轴器原理及分类</td><td rowspan="2">1. 分小组收集最新计轴器的型号、原理、说明书
2. 各小组分类进行简述
3. 收集常见故障案例，提出排除方法与步骤
4. 各组出一人担任裁判、并注意过程资料的收集
5. 编制检修工单
6. 展示汇报总结评价</td><td rowspan="2">8</td></tr>
<tr><td>2. 计轴器安装与故障处理</td><td>1. 计轴器的安装
2. 计轴器的检修工单</td></tr>
<tr><td rowspan="2">5</td><td rowspan="2">项目五
道岔故障检测与处理</td><td rowspan="2">知识：
1. 掌握常用电工工具仪表的使用方法
2. 掌握道岔日常养护的基本知识
3. 掌握道岔常见故障检修与处理的基本知识
技能：
具备道岔维护、调试、常见故障检测与处理的能力</td><td>1. 道岔动作原理与结构组成</td><td>1. 内外锁闭结构组成
2. 内、外锁闭原理</td><td rowspan="2">1. 分小组进行资讯收集
2. 小组进行讨论，绘制内外锁闭结构图，并概述工作原理
3. 撰写道岔密贴调整步骤
4. 道岔密贴调整练习
5. 小组讨论评价总结</td><td rowspan="2">8</td></tr>
<tr><td>2. 道岔故障检测与处理（密贴调整）</td><td>1. 道岔密贴调整步骤
2. 道岔密贴调整演练</td></tr>
<tr><td rowspan="2">6</td><td rowspan="2">项目六
控制台的使用</td><td rowspan="2">知识：
1. 能读懂车站信号设备平面布置图
2. 掌握控制台盘面上各按钮、表示灯、光带等功能
3. 掌握在控制台盘面上排列进路的基本知识
4. 掌握通过控制台查找故障点的方法
技能：
具备通过控制台达到指挥列车运行及调车作业的能力</td><td>1. 进路基本操作步骤与演练</td><td>排列进路、取消进路等基本操作</td><td rowspan="2">1. 分小组进行资讯收集
2. 写出排列进路、取消进路的基本操作
3. 收集故障查找的几种方法
4. 教师进行示范
5. 小组进行演练
6. 小组讨论评价总结</td><td rowspan="2">4</td></tr>
<tr><td>2. 控制台查找故障</td><td>故障查找几种方法</td></tr>
<tr><td colspan="6">合计</td><td>48</td></tr>
</table>

教学考核评价　　　　表5-2

出勤情况	项目一	项目二	项目三	项目四	项目五	项目六	合计
30%	10%	20%	10%	10%	10%	10%	100%

(四)课程资源开发与利用

(1)充分利用国家相关检修、安装、验收等相关标准。

(2)利用信号工考试初级、中级、高级考试题库。

(3)利用实训室中仿真系统的运用。

课程 18　自动生产线安装与调试

课程名称：自动生产线安装与调试
课程性质：拓展平台课
建议学时：48 学时
适用专业：城市轨道交通机电技术

一、前言

机电工程学院于 2015 年上半年对本分院的机电一体化、城市轨道交通控制、电气化铁道技术、电气自动化、汽车制造与维护、工程机械控制、工程机械运用与维护专业的教学进程表进行了统一的改革，将教学进行划分了几大平台，分别是公共课程、机电平台、基础专业、核心平台、拓展平台、综合实践平台、选修课等，并在 2015—2016 学年的第一学期开始试行。本课程为核心平台课程。

(一)课程定位

自动生产线安装与调试是电气化铁道技术专业和电气自动化专业的一门核心平台课程。本课程以专业技术综合应用能力培养为目标，以关键能力的培养贯穿教学的全过程，以实际应用为重点，培养学生熟悉工业控制系统的基本概念，熟练掌握利用工控计算机或者触摸屏组态现场人机界面监控技术，实时监控生产现场的运行状态、实查询数据和曲线、打印各种需求的报表，以及具有将可编程技术、工控组态与触摸屏技术、变频器技术、工业检测技术、驱动技术、现场总线技术的集成应用能力和现场维护能力。

(二)教学设计思路

自动生产线安装与调试以实际应用为重点，为体现其专业和课程特点，本课程采用实践应用教学为主，采用“项目教学法”，以工作组为单位，分项目实施教学，本门课程按照“以能力为本位，以职业实践为主线，以具体的生产线设备为载体，以完整的工作过程为行动体系”的总体设计要求，以培养生产线设备维修维护的应用技能和相关职业岗位能力为基本目标，紧紧围绕工作任务完成的需要来选择和组织课程内容，突出工作任务与知识的紧密性，通过师生共同参与，共同努力，达成教学目标。

二、课程目标

具有初步的实践动手能力，会简单的气路、电路识图及布线；能正确分析自动生产线设备的工作原理、工作过程；掌握自动线的安装和调试技能；学会自动线运行过程的监控、故障检测和排除技能；具备机电设备维护和管理能力。

(一)知识目标

(1)能根据任务进行正确的分析,能进行控制部分和气动部分的设计,工作过程的分析。

(2)熟悉自动线的构成,掌握个环节的设备安装,即供料、加工、装配、分拣、输送部分器件装配工作。

(3)掌握自动线各气路连接的组成、工作原理、特点及应用,能根据生产线工作任务对气动元件的动作要求和控制要求连接气路。

(4)掌握电路设计方法,能根据控制要求,设计各单元的电气控制电路,并根据所设计的电路图连接电路,并能根据该生产线的网络控制要求,连接通信网络。

(5)熟悉 plc 程序编制和程序调试,能编写 PLC 的控制程序,并调试机械部件、气动元件、检测元件的位置和编写的 PLC 控制程序,满足设备的生产和控制要求。

(二)能力目标

(1)具有初步的实践动手能力,会简单的气路、电路识图及布线。

(2)具有一定的供料机构的分析和装配的初步能力。

(3)具有一定的加工机构的分析和装配的初步能力。

(4)具有一定的分拣机构的分析和装配的初步能力。

(5)具有一定的输送机构的分析和装配的初步能力。

(6)掌握自动线的安装与调试。

(三)素质目标

(1)重视实践、善于与工人相结合,注重在劳动观点、理论联系实际等工程技术人员应具备的基本素质方面的培养和锻炼。

(2)注重生产意识、质量意识、环保意识和经济意识的培养。

(3)爱护国家财产,遵守劳动纪律及操作规范。

三、课程内容与要求

课程内容构建符合学生认知和操作的规律,体现课程的特色,为专业服务和职业岗位能力的培养服务。

课程内容设计符合高技能人才培养目标和专业相关技术领域职业岗位(群)的任职要求,学习完本课程应达到初步具备接触网、牵引变电所安全作业的能力要求。具体教学内容设计见表 5-3。

四、实施建议

(一)教材选用和编写建议

1. 教材选用

本课程教学内容采用项目化结构,授课教师应根据教学要求,合理选用相应教材,并对教材作适当的选用和处理。

自动生产线安装与调试课程内容与要求 表5-3

序号	工作项目	能力要求	模块	任务	活动设计	参考学时
1	项目一 供料单元	**知识：** 1. 自动生产线的功能 2. 生产的工艺流程 3. 自动生产线的组成 4. 操控方式 5. 电气识图、机械识图、PLC简单应用 **技能：** 1. 能够判别典型机械结构和操控方式 2. 能够进行简单的生产线操控 3. 能熟练的拆装典型的低压电器控制电路 4. 能独立完成机械机构的拆装调试 5. 能熟练的完成传感器的安装调试 6. 能快速的按气路图纸进行气路的安装和调试 7. 能够完成PLC的与低压电器控制电路的连接及调试 8. 能完成机械、气动、传感器及PLC的综合调试	1. 机械安装模块	对供料单元的机械结构进行安装	1. 安装识图 2. 零件认识 3. 安装调试	3
			2. 电器元件的拆装模块	对供料单元中的低压电器进行安装	1. 电路识图 2. 低压电器认识 3. 安装接线	3
			3. 传感器安装及调试模块	对传感器的安装合调试	1. 传感器的选取 2. 传感器认识 3. 传感器的安装调试	3
			4. 气动元件的安装及调试模块)	按照气路图安装气动装置	1. 气路图的识图 2. 气动元件的认识 3. 气动装置的组装 4. 气动装置的调试	3
			5. PLC的程序下载与单机运行调试模块	PLC与电气、气动装置的控制配合与调试	1. PLC的程序下载、连接调试 2. PLC和电气系统的组态 3. PLC控制电气系统、气动系统、机械系统、传感器系统综合调试	4

续上表

序号	工作项目	能力要求	模块	任务	活动设计	参考学时
2	项目二 装配单元、分拣单元、输送单元	**知识：** 1. 自动生产线的功能 2. 生产的工艺流程 3. 自动生产线的组成 4. 操控方式 5. 电气识图、机械识图、PLC 简单应用 **技能：** 1. 能够判别典型机械结构和操控方式 2. 能够进行简单的生产线操控 3. 能熟练的拆装典型的低压电器控制电路 4. 能独立完成机械机构的拆装调试 5. 能熟练的完成传感器的安装调试 6. 能快速的按气路图纸进行气路的安装和调试 7. 能够完成 PLC 的与低压电器控制电路的连接及调试 8. 能完成机械、气动、传感器及 PLC 的综合调试	1. 机械安装模块	对供料单元的机械结构进行安装	1. 安装识图 2. 零件认识 3. 安装调试	4
			2. 电器元件的拆装模块	对供料单元中的低压电器进行安装	1. 电路识图 2. 低压电器认识 3. 安装接线	4
			3. 传感器安装及调试模块	对传感器的安装和调试	1. 传感器的选取 2. 传感器认识 3. 传感器的安装调试	4
			4. 气动元件的安装及调试模块）	按照气路图安装气动装置	1. 气路图的识图 2. 气动元件的认识 3. 气动装置的组装 4. 气动装置的调试	4
			5. PLC 的程序下载与单机运行调试模块	PLC 与电气、气动装置的控制配合与调试	1. PLC 的程序下载、连接调试 2. PLC 和电气系统的组态 3. PLC 控制电气系统、气动系统 4. 机械系统、传感器系统综合调试	6
3	项目三 整机联动	**知识：** 1. 电源的供给、分配及连接方法 2. 电气识图、机械识图、PLC 简单应用 3. PLC 串行接口的连接 4. 通信调试方法 5. 脉冲量的测定合调试的测定方法 **技能：** 1. 能够快速正确的对生产线各个部分进行正确供电连接 2. 能够准确的测定脉冲量并进行正确的调试 3. 能快速实现 PLC 各串行口之间的通信连接 4. 能正确快速的进行通信调试	1. 电源的供给及分配连接	各单元的分配供电	对生产线各个部分进行正确供电连接	2
			2. 脉冲量的测定及调试	脉冲量的调试	测定脉冲量并进行正确的调试	4
			3. PLC 的通信	PLC 的连锁通信	1. 实现 PLC 各串行口之间的通信连接 2. 通信调试	4
合计						48

2. 教材编写原则与要求

教材的编写要体现课程的性质、价值、基本理念、课程目标以及内容标准。教材内容的编排和呈现突出知识的形成与应用过程;引导学生从已有的知识和经验出发,进行自主探索与合作交流,并在学习过程中逐步学会学习;关注对学生人文精神的培养。教材的编写还有利于调动教师的主动性和积极性,鼓励教师进行创造性教学。

教学编写体现出职业技术教育特色,并具有一定的弹性。教材编写时,充分考虑与其他课程资源的开发和利用相结合。

3. 教学参考资料使用建议

自动生产线安装与调试相关教学参考资料较多,在学习过程中理是从中选取需要的章节内容进行参考,可以在图书馆查阅电工基础或电工技术相关书籍,或者可以直接利用网络资源进行搜索查询,以满足对理论知识掌握的需求。

(二)教学建议

在教学活动中要从学生实际出发,创设有助于学生自主学习的问题情境,引导学生通过实践、思考、探索、交流,获得知识,形成技能,发展思维,学会学习,促进学生在教师指导下主动地、富有个性地学习。

在教学活动中,教师应发扬让学生为主体,使学生成为学习专业知识的组织者、引导者、合作者;要善于激发学生的学习潜能,鼓励学生大胆创新与实践,要创造性地使用教材,积极开发利用各种教学资源,为学生提供丰富多彩的学习素材;注意电工技术的新发展,适时引进新的教学内容。按照学生学习的规律和特点,以学生为主体,充分调动学生学习的主动性、积极性。

在教学活动中要积极改进教学方法,课堂教学应多采用模型、实物,重视现代教育技术在教学中的应用,理论联系实际,启迪学生的科学思维。实践教学中验证性实验与技能训练相结合,以实际操作为主,着重学生技术应用能力的形成与发展。

教学活动可根据内容特点在专业教室或实训基地进行。

(三)教学考核评价建议

按照“加强基础、培养能力、提高素质、突出创新”的思路,改革考核的内容、形式和评价体系。综合运用实际操作、小组配合、问题检索相结合的考核形式。

多位一体的综合评定方式,将过程性评价和终结性评价相结合、知识性评价和技能性评价相结合,具体考核评价方法是,以小组为单位,结合个人在小组中的表现,采用过程考核的方式进行评价。如表5-4所示。

教学考核评价 表5-4

考核内容	考核对象	分值(分)
考勤	个人	10
小组管理	班组	10
小组操作(过程性考核)	理论解答10分(自学检索能力)	30
	班组配合10分	
	操作熟练10分	
作业	个人	10
期末抽考(实操+口试)	个人	40
合计	100	

(四)课程资源的开发与利用

现有 1 个自动化生产线实验室、1 个汽车生产线模拟实验室、2 个电工电子实验室,天煌实验台 6 个,三向实验台 12 个;电气实验室 1 个,电力拖动设备 14 台,各种工具、仪表、元器件、实训电路板等,能够满足学生实验实训要求。

另外正在筹建大型电工电子实验室,已购设备有网孔电工实验台 30 台、中级电工考核实验台 20 台、高级电工技师考核实验台 15 台。另有一个虚拟仿真实验室和一个电工电子实验室已经验收,可投入使用。

学院有充足的网络教学资源,图书馆、办公室、计算机网络中心、汽车与机电学院的网络虚拟实验室均接通了互联网,教师和学生都可以利用网络资源进行教学互动。

学院图书馆的各种图书资料齐全,如中国数字图书馆、中国期刊网、维普数据库等,为学生主动学习提供了极为丰富的扩充性资料,并有效地促进了学生主动学习的效果。

课程19　计算机装调与组建局域网

课程名称:计算机装调与组建局域网

课程性质:拓展平台课

建议学时:48学时

适用专业:城市轨道交通机电技术

一、前言

计算机装调与组建局域网课程主要培养学生具有计算机组装、系统设置、软件安装、测试、维护及系统优化的职业能力以及培养学生对计算机网络各部件的认知,熟悉网络基本知识,掌握计算机网络的组建、安装、调试和常见故障的诊断、排除的基本职业能力。从而达到国家“微型计算机安装与调试维修工”高级工职业资格能力,让学生毕业后不需要企业另外对其培训就能上岗。

二、课程目标

本课程的总体目标是:通过任务引领型的项目活动,使学生在认知和实际操作上,对计算机系统的软、硬件有一个整体认识,掌握计算机拆装、系统优化、故障诊断和排除、是计算机网络组建、应用岗位工作的必修课程。其功能是培养学生对计算机网络各部件的认知,熟悉网络基本知识;掌握计算机网络的组建、安装、调试和常见故障的诊断、排除的基本职业能力。并倡导学生“做中学、学中做”,培养学生具有诚实、守信、善于沟通和合作,为提高学生各专业化方向的职业能力奠定良好的基础,为今后从事计算机组装与维护及网络管理与维护工作奠定良好的基础。

(一)能力目标

(1)能识别计算机硬件并根据用户需求合理选择计算机系统配件。

(2)能熟练组装一台微型计算机并进行必要的测试。

(3)能熟练安装计算机操作系统和常用应用软件。

(4)初步学会诊断计算机系统常见故障,进行计算机系统的日常维护。

(5)能识别计算机网络硬件设备。

(6)能安装计算机(网络)操作系统和应用软件,能安装和配置计算机网络硬件设备,能组建局域网。

(7)能测试、诊断和排除计算机网络系统常见的软、硬件故障,能掌握计算机及网络与互联网连接的各种方式。

(二)知识目标

(1)了解计算机各部件的类型、性能和组成。

(2)掌握计算机各部件的选购、安装方法。

(3)了解微型计算机系统的设置、调试、优化及升级方法。

(4)了解微机系统常见故障形成的原因及处理方法。

(5)了解和熟悉计算机网络的基本知识,包括网络概念、网络的分类、协议概念、网络体系结构概念与作用。

(6)掌握 IP 地址的概念、分类使用及子网的划分,子网掩码的计算与使用。

(7)掌握局域网组建的方法与相应步骤。

(8)掌握常用的网络命令与网络故障分析等综合能力。

三、课程内容与要求

对理论知识的教学要求分为了解、理解、掌握三个层次。

(1)了解:对知识有初步和一般的认识,知道"是什么";

(2)理解:能够领会基本概念、基本理论的含义,能够解释和说明一些简单的问题;

(3)掌握:能够熟练地运用知识,分析和解决一些具体问题。

课程内容与要求详细见表 5-5。

四、实施建议

(一)教材选用和编写建议

1. 教材选用

(1)《计算机组装与维护教程》(第 6 版),刘瑞新编。

(2)《小型局域网的组建与维护》, 贾民政、朱元忠编著,科学出版社,2010 年 6 月。

2. 教学参考资料使用建议

(1)《局域网组建》,程征宇等编著,中国铁道出版社,2010 年 9 月。

(2)《局域网组建》,沈大林、张伦等编著,中国铁道出版社,2009 年 12 月。

(二)教学考核评价建议

教学考核分为:过程性考核、笔试、实操、课程论文、项目汇报或相互结合。

形式分为:自主考核。

计算机装调与组建局域网授课内容及要求

表 5-5

序号	工作项目	能力要求	模块	任务	活动设计	参考学时
1	项目一 组装计算机与计算机日常维护	**知识：** 1. 掌握计算机各个部件的功能和结构 2. 熟悉计算机组装的正确步骤 3. 了解和掌握计算机硬件的日常维护 **技能：** 1. 能识别计算机各部件的功能及结构 2. 能根据用户需求合理选择计算机配件 3. 能熟练组装一台计算机	组装计算机	1. 认识计算机	识别计算机各个部件	6
				2. 组装计算机与计算机日常维护	1. 计算机组装的正确步骤 2. 每个硬件的拆装手法，按步骤快速组装一台计算机 3. 对计算机各硬件进行日常维护	
2	项目二 配置与软件安装	**知识：** 1. 掌握 BIOS 的基本设置 2. 掌握硬盘的分区与格式化 3. 了解和掌握系统软件和常用软件的安装 **技能：** 1. 能进行典型操作系统与驱动程序的安装 2. 会使用自带的系统工具 3. 会使用常用杀毒软件和防火墙	1. 配置 BIOS 与硬盘格式化	配置 BIOS 与硬盘格式化	1. 了解进入计算机 BIOS 进行基本设置 2. 进入计算机 BIOS 进行个性化设置 3. 学习并对硬盘进行初始化	8
			2. 软件安装	1. 操作系统安装与数据恢复	1. 安装操作系统 2. 计算机部件驱动程序的安装 3. 系统备份和恢复	
				2. 常用软件应用与网络设备使用	1. 碎片整理、磁盘修复、内存整理、优化工具的运用 2. 常用杀毒软件和防火墙的设置 3. 常用网络设备安装、使用	
3	项目三 设计简单的计算机网络	**知识：** 1. 了解网络的基本概念、网络的分类 2. 理解网络的体系结构及 IP 地址 3. 熟悉常用传输介质 **技能：** 1. 能独立完成双绞线的制作（交叉线/直通线） 2. 能安装网卡及相应的软件 3. 能实现双机互连的网络配置 4. 能实现文件共享	简单的计算机网络的实现	双绞线的制作（交叉线/直通线）	1. 直通线的制作 2. 交叉线的制作	12
				实现双机互连和文件共享	1. 网卡安装 2. 网络 IP 地址配置 3. 主机名设置	
					1. 文件共享设置 2. 其他双机互联方法（蓝牙方案）（选学）	

续上表

序号	工作项目	能力要求	模块	任务	活动设计	参考学时
4	项目四 小型办公对等网络的组建	**知识：** 1. 了解网络拓扑结构，理解不同的区别 2. 了解常用的网络设备 3. 掌握 IP 地址中子网的划分与子网掩码的计算 **技能：** 1. 能独立完成网络软硬件的配置 2. 能实现文件与打印机的共享 3. 能分析解决实际问题，并能合作、沟通交流	对等网络的组建	1. IP 地址及子网掩码设置	1. 子网划分 2. IP 地址分类及设置 3. 子网掩码分类及设置	10
				2. 打印机及文件共享设置	1. 打印机安装及驱动程序安装 2. 网络打印机的设置	
5	项目五 家庭、宿舍网络的组建	**知识：** 1. 了解广域网概念和 Internet 2. 了解无线传输及无线设备 3. 掌握路由器的设置步骤 4. 掌握其他连接 Internet 的方式 5. 掌握代理服务器的配置 6. 掌握路由器的设置步骤 7. 掌握无线方案配置 **技能：** 1. 能安装无线网卡及路由器 2. 能实现 Internet 的连接 3. 能设置小型宽带路由器 4. 能实现代理服务器的上网管理 5. 能分析解决实际问题，并能与他人团结合作、沟通交流	1. 家庭网络的组建	1. 交换机的连接上网	1. 画出网络拓扑图 2. 宽带路由器的连接与设置	12
				2. 无线路由器的连接上网	1. 无线路由器连接 2. 无线路由器的设置 3. 无线 AP 的设置	
			2. 宿舍网络的组建	代理服务器配置	1. 代理服务器软件的使用；ICS 实现连接共享 2. 交换机方案（WINROUTER 代理 /SYS-GATE 代理） 3. 无线对等网络方案	
合计						48

课程 20　轨道交通客运组织

课程名称:轨道交通客运组织
课程性质:拓展平台课
建议学时:48 学时
适用专业:城市轨道交通机电技术

一、前言

(一)课程定位

轨道交通客运组织属于城市轨道交通机电技术专业的拓展平台课程,侧重于理论联系实际,是轨道交通运输组织体系课程的一个重要组成部分。依据人才培养方案,城市轨道交通客运组织是学生应当具备的专业能力,隶属于轨道交通相关知识的子模块。

通过本课程的学习和理论实践,对城市轨道交通客运组织的诸方面,如车站工作组织、售检票系统、安全检查工作等有一个基本了解,培养学生的独立思考能力和解决问题的综合分析能力,以使其在今后工作中能够更好地胜任客运、票务、安检等工作岗位。

(二)教学设计思路

课程设计思路是以岗位工作实际工作任务为中心,基于城市轨道交通客运组织工作过程安排课程内容,让学生在完成具体的学习性工作任务过程中学会完成相应工作任务,并构建相关理论知识,发展职业能力。

课程内容突出对学生职业能力的训练,以应用为目的,以必需、够用为度,并融合了站务员、行车调度员和客运调度员的职业标准来确定课程的教学内容和实践项目。按照轨道交通客运组织的主要内容归纳出学习情境,通过理实一体化的教学模式,实践教学与理论教学相辅相成,使学生能够更好地掌握完成各项工作所需的理论知识与操作技能。

二、课程目标

(一)知识目标

熟悉地铁票务政策及车票使用规定;掌握大客流情况下的客流组织原则、措施及控制方法;掌握客流预测的方法;熟悉客运突发事故的处理原则与技巧等;具备客流分析能力;能够正确办理城市轨道交通客运业务;能够处理大客流情况下的客流控制以及非正常情况下的各种客流组织;能够调查预测客流;能够按标准化作业及时妥善处理客运突发事故等。

(二)技能目标

客流分析能力;客流调查和客流量预测能力;制订客流计划能力;自动售检票系统模式选

择能力;票务规则执行能力;车站车票管理能力;车站票务事务处理能力;车站票务报表填写能力;车站票务钥匙管理能力;车站票款管理能力;车站设备、设施布置与运用能力;正常情况下客流组织能力;大客流组织能力;突发事件客流组织能力;处理票务安全突发事件能力;处理乘客安全突发事件能力。

(三)素质目标

爱岗敬业、吃苦耐劳、知理守信;^团队精神、沟通协调;^认真细致、精益求精;安全作业能力;与同事及乘客的沟通能力;培养责任心与职业道德能力。

三、课程内容与要求(表5-6)

四、实施建议

(一)教材选用和编写建议

1. 教材选用

建议选用中国铁道出版社出版的《城市轨道交通客运组织》,朱海燕主编。

2. 教材编写原则与要求

(1)作为高职教材,编写时要注意以能力为本位,以岗位技能为目标,从基本认知到操作到管理决策,逐级递进,彻底打破原有的课程内容框架。有明确的教学目标,重点解决教学中的难点、重点,并注意教材的思想性、启发性和适用性。

(2)编写教材应理论联系实际,注意培养学生分析问题和解决问题的能力。通过对有关问题或有关领域的延展思考,启迪学生的遐想空间。为了培养具有良好职业道德、具有一定理论知识、具有较强操作和管理实践能力、具有可持续发展能力的、为企业所欢迎的高技能应用性轨道交通运营管理人才,校企联合编写适合工学结合的教材,教材编写以校企合作、工学结合培养高技能人才的要求为目标,提高课程内容的应用性和针对性。

(3)教材内容坚持以学生为本、为教学服务,注意内容的前沿及实战性。教材内容应以多种形式呈现(图、文、表等),提高学生的学习兴趣,加深学生对轨道交通客运组织知识的理解与掌握。

(4)编写教材必须遵循大纲要求,注意总结教学经验,体现循序渐进的原则,要注意由浅入深、由易到难,对于教材中的关键、难点、重点,尤其要阐述透彻。

3. 教学参考资料使用建议

教材建议选用近三年出版的高职高专规划教材,也可以选择相应的辅助实训教材。

(二)教学建议

(1)重视学生在校学习与实际工作的一致性,有针对地采取工学交替、任务驱动、项目导向、课堂与实习地点一体化等行动导向的教学模式。

(2)根据课程内容和学生特点,灵活运用案例分析、分组讨论、角色扮演、启发引导教学方法,引导学生积极思考、乐于实践,提高教学效果。

(3)在教学过程中,重视轨道交通行业企业的发展趋势,贴近企业现场,采取工学交替的教学模式,着眼学生职业生涯的发展,致力于培养学生综合职业能力,积极引导学生提升自身职业素养和职业道德水平。

轨道交通客运组织课程内容与要求

表 5-6

序号	能 力 要 求	学习情境	学习子情境	工作过程	教 学 过 程	参考学时	教学资源
1	**知识：** 了解城市轨道交通与常规地面交通的特点；熟悉车站的组成，车站设备及其子系统，导乘设施；熟悉客运服务的基本礼仪；掌握站务员的工作内容。熟悉各种城市轨道交通票卡及其用途；掌握售票工作流程；熟悉票务组织工作 **技能：** 能区分城市轨道交通与常规地面交通；能分辨车站的不同组成部分并说出其功能；能识别常见的车站设备及设施；能根据站务员的日常工作内容及乘客进出站流程进行简单的客运组织。能分辨不同的城市轨道交通票卡；能进行BOM机和自动售票机售票操作；学会更换单程票箱 **素质：** 培养认真的学习态度和严谨的工作态度，培养学生团队合作的精神	日常客流组织	1. 日常客流组织	1. 进出车站 2. 进出闸机 3. 站台候车 4. 列车乘降 5. 线路换乘	1. 资讯 (1)布置任务；(2)知识准备。公共交通基本知识；车站构造及设施；车站客流流线；站务员岗位职责及作业流程；客运服务基本礼仪；检票及乘降组织工作；售票组织；票务组织 2. 决策 学生分组按照教师布置的任务，通过教学资源、网络、等多种渠道进行讨论与分析： (1)城市轨道交通与常规地面交通；(2)车站的组成；(3)车站设备及其子系统，导乘设施；(4)站务员的工作内容；(5)客运服务的基本礼仪；(6)各种票卡及其用途；(7)售票工作流程；(8)票务组织及管理 3. 计划 制订学习计划及日常客运组织方案。确定组员分工，确定组员角色，按照基本要求，确定情境内容 4. 实施 (1)学生基本知识及工作内容知识准备；(2)制订学习计划；(3)组员分工，制订日常客运组织方案；(4)确定组员角色，确定情境演练内容；(5)分组准备方案汇报 5. 检查 提交方案或者 PPT 汇报或者情景演练 6. 评价 随机抽取小组汇报工作过程，或者分组上交相关文件资料。小组互查，教师评价	16	视频库、案例库、模拟题库)、行业信息、流程图等

续上表

序号	能 力 要 求	学习情境	学习子情境	工作过程	教 学 过 程	参考学时	教学资源
2	**知识：** 熟悉常见的无障碍设施；掌握特殊乘客客流组织的方式方法。熟悉限流常用的方式；了解客流的特征；掌握客流调查、分析与预测的基本方法；掌握受理和处理乘客投诉及纠纷的技巧 **技能：** 能说出常见无障碍设施及其功能；能针对不同乘客选择合适的方法提供客流组织服务。能根据特定情况选择合适的限流方法；能用基本方法完成客流调查、分析与预测；能处理简单的乘客投诉及纠纷 **素质：** 培养认真的学习态度和严谨的工作态度，培养学生团队合作的精神	特殊情况客流组织	1. 特殊乘客(儿童、老年人；外籍乘客、民族乘客；残疾人) 2. 雨雪天气 3. 大客流爆满 4. 乘客投诉	1. 进出车站 2. 进出闸机 3. 站台候车 4. 列车乘降 5. 线路换乘	1. 资讯 (1)布置任务；(2)知识准备。无障碍设施；客运服务技巧。限流组织(雨天、大客流)；客流特性与分布；客流调查分析与预测；乘客投诉处理 2. 决策 学生分组按照教师布置的任务，通过教学资源、网络、等多种渠道进行讨论与分析： (1)常见的无障碍设施及其功能；(2)在客运服务过程中可能会遇到哪些特殊乘客，应如何做好服务。(3)限流的方式；(4)客流的特征与分布情况；(5)客流调查、分析与预测的方法；(6)如何受理和处理乘客投诉 3. 计划 制订学习计划及确定特殊乘客客流组织方案。确定组员分工，确定组员角色，按照基本要求，确定情境内容 4. 实施 (1)学生基本知识及工作内容知识准备；(2)制订学习计划；(3)组员分工，制订特殊乘客客流组织方案；(4)确定组员角色，确定情境演练内容；(5)分组准备方案汇报 5. 检查 提交方案或者 PPT 汇报或者情景演练 6. 评价 随机抽取小组汇报工作过程，或者分组上交相关文件资料。小组互查，教师评价	16	视频库、案例库、模拟题库)、行业信息、流程图等

续上表

序号	能 力 要 求	学习情境	学习子情境	工作过程	教 学 过 程	参考学时	教学资源
3	**知识：** 熟悉车站可能会出现的突发事件；掌握突发事件的应急处理；掌握安全快速疏散乘客的方式方法 **技能：** 学会火灾、停电突发事件的应急处理方法，学会快速安全疏散乘客 **素质：** 培养认真的学习态度和严谨的工作态度，培养学生团队合作的精神	突发事件客流组织	1. 火灾 2. 停电 3. 暴恐	1. 紧急疏散 2. 应急处理	1. 资讯 (1)布置任务；(2)知识准备。什么是突发事件，出现突发事件时应如何进行客流组织 2. 决策 学生分组按照教师布置的任务，通过教学资源、网络、等多种渠道进行讨论与分析： (1)可能出现的突发事件；(2)应如果做好应急处理；如何快速安全疏散乘客 3. 计划 制订学习计划及确定突发事件时客流组织特点。确定组员分工，确定组员角色，按照基本要求，确定情境内容 4. 实施 (1)学生基本知识及工作内容知识准备；(2)制订学习计划；(3)组员分工，确定突发事件时客流组织特点；(4)确定组员角色，确定情境演练内容；(5)分组准备方案汇报 5. 检查 提交方案或者 PPT 汇报或者情景演练 6. 评价 随机抽取小组汇报工作过程，或者分组上交相关文件资料。小组互查，教师评价	16	视频库、案例库、模拟题库)、行业信息、流程图等
合计						48	

（三）教学考核评价建议

教学考核主要包括平时成绩、期中考核、期末考核三部分。平时成绩根据学生日常表现情况进行考评；期中考核成绩根据完成的项目情况进行打分；期末考评主要考核学生对本门课程的综合掌握情况。

（四）课程资源的开发与利用

（1）加强常用课程资源的开发，建立多媒体课程资源的数据库，努力实现跨学校多媒体资源的共享，以提高资源利用效率。

（2）实现课程资源网络化，充分利用诸如电子书籍、电子期刊、数据库、数字图书馆、教育网站和电子论坛等网络信息资源，使教学媒体从单一媒体向多种媒体转变；使教学活动从信息的单向传递向双向交互转变；使学生从单独的学习向合作学习转变。

（3）联合合作企业，加强校内、校外实训基地建设，共同开发实训课程资源，同时促进学生就业。充分利用实训室，以满足校内技能训练需要和考核需要，满足高职学生综合职业能力培养的需求。

（五）其他说明

本课程标准适用于新疆交通职业技术学院城市轨道交通机电技术专业。

课程 21　6S 管理实践

课程名称：6S 管理实践
课程性质：拓展平台课
建议学时：32 学时
适用专业：城市轨道交通机电技术

一、前言

(一)课程定位

本课程是城市轨道交通机电技术、机电一体化技术等专业的一门专业拓展课程，本课程相关课程有安全教育与管理等课程。6S 管理是企业各项管理的基础活动，它有助于消除企业在生产过程中可能面临的各类不良现象。

课程结合企业对城市轨道交通机电技术、机电一体化技术等专业学生的要求，与企业生产实践和管理紧密结合。课程主要研究企业在 6S 管理的推行过程中，通过开展整理、整顿、清扫、安全等基本活动，使之成为制度性的清洁，最终提高员工的职业素养。因此，6S 管理对企业的作用是基础性的，也是不可估量的。

课程的主要内容有 6S 管理的概念、6S 活动的组织与实施、6S 管理活动的重点及成效评价等。通过有针对性的 6S 实践活动，要求学生掌握 6S 管理的基本理论，能结合实践开展 6S 活动，通过不断进行整理、整顿、清洁、清扫、提高素养及安全的活动，掌握在企业执行 6S 管理和参与组织 6S 活动等能力。

(二)教学设计思路

本课程以培养学生执行 6S 管理和参与组织 6S 活动等能力为目标，在课程的设计中以突出实际操作能力为主。通过项目教学法，使学生在掌握基本概念的基础上重点通过结合学校实训中心的现场管理的教学项目活动反复实践 6S 管理的具体操作，从简单到负责、从单一到综合，通过不断进行整理、整顿、清洁、清扫、提高素养及安全的活动，掌握在企业执行 6S 管理和参与组织 6S 活动等能力，达到课程教学目标。在教学过程中采用分组教学，六步教学法，注重培养学生独立思考解决问题能力、创新能力和团队合作的能力。

二、课程目标

(一)知识目标

(1)6S 的基本含义、作用和定位。

(2)整理、整顿、清扫的含义、流程和要点。

(3)整理、整顿、清扫的对象、要素。
(4)安全的含义及构筑安全的六个方面。
(5)清洁的含义、要点。
(6)素养的含义、注意点。
(7)晨会的概念和六大好处。
(8)6S 管理推行的 11 个步骤。
(9)6S 管理的过程控制。

(二)技能目标

(1)通过学习能用 6S 标准寻找存在的问题。
(2)通过对现场的观察分析,区分需要与不需要的事、物,再对不需要的事、物加以处理。
(3)能制订现场整顿方案并实施。
(4)制订清扫责任表,清扫 × ×实训室。
(5)能识别安全隐患,制订 × ×场所安全管理制度。
(6)学会清洁 × ×实训室。
(7)制订晨会方案并召开晨会。
(8)制订 6S 模式管理 × ×实训中心方案。
(9)能按 11 个步骤推行 6S 模式管理方案。
(10)学会对 6S 管理的过程进行控制。

三、课程内容与要求(表 5-7)

四、实施建议

(一)教材选用和编写建议

1. 教材选用

教材选用机电类高职高专规划教材,或根据教学需要自行编写。

2. 教材编写原则与要求

院本教材要以项目教学法进行编写,要体现课程的性质、基本理念、课程目标以及内容标准,打破传统的学科教材模式。教材编写以校企合作、工学结合培养高技能人才的要求为目标,注重能力本位的原则,内容应具有较强的应用性和针对性。通过工作任务的需求,以项目为载体,设定能力目标,引入高职学生所必需的理论知识,加强实际操作能力的训练。

教材应图文并茂,提供大量的实际示例图和案例,提高学生的学习兴趣和对本课程的重视。

(二)教学建议

(1)改革教学方法,采用项目教学法,融"教学做"于一体。
(2)分组教学。

(三)教学考核评价建议

学生学习要教师评价和学习者互评相结合、过程评价和结果评价相结合、理论评价和实践评价相结合。改革考核手段和方法,加强实践性教学环节的考核。

授课内容及要求

表 5-7

序号	工作项目	能力要求	模块	任务	活动设计	参考学时
1	项目一 认识 6S 管理	**知识:** 1. 6S 的基本含义 2. 6S 的作用 3. 6S 的定位 **技能:** 1. 6S 管理实例分析 2. 通过学习能用 6S 标准寻找存在的问题	通过案例认识 6S 管理	1. 找出自己宿舍目前管理中存在的问题(单个)	1. 按照 8~10 人一组进行分组 2. 教师布置学习内容及目标;(以案例为载体) 3. 各小组制订学习方案,教师指导审核 4. 各小组按照方案完成学习目标,教师指导 5. 各组汇报学习成果 6. 学生与教师评价	2 授课地点:教室
				2. 找出机电轨道实训中心目前管理中存在的问题(整体)	1. 按照 8~10 人一组进行分组 2. 教师布置学习内容及目标(复习 6S 概念、作用) 3. 各小组制订学习方案,教师指导审核 4. 各小组按照方案完成学习目标,教师指导 5. 各组汇报学习成果 6. 学生与教师评价	2 授课地点:机电轨道实训中心
2	项目二 整理××实训室	**知识:** 1. 整理的含义 2. 整理的流程和要点 **技能:** 1. 通过对现场的观察分析,区分需要与不需要的事、物,再对不需要的事、物加以处理 2. 制订整理的流程	整理实训室	1. 制订整理简单实训室方案并实施	1. 按照 8~10 人一组进行分组 2. 教师布置学习内容及目标(整理焊接、自动生产线、云教室等实训室,每 2 组一个) 3. 各小组制订学习方案,教师指导审核 4. 各小组按照方案完成学习目标,教师指导 5. 各组汇报学习成果 6. 学生与教师评价	2 授课地点:机电轨道实训中心
				2. 整理复杂实训室	1. 按照 8~10 人一组进行分组 2. 教师布置学习内容及目标(整理地铁调度运营、轨道信号控制、机械加工、地铁车站机电设备维修实训室,每 2 组一个) 3. 各小组制订学习方案,教师指导审核 4. 各小组按照方案完成学习目标,教师指导 5. 各组汇报学习成果 6. 学生与教师评价	2 授课地点:地铁车站机电设备维修实训室

续上表

序号	工作项目	能力要求	模块	任务	活动设计	参考学时
3	项目三 整顿××实训室	**知识:** 1. 整顿的含义 2. 整顿的三要素 3. 整顿的三定原则 **技能:** 1. 制订设备布置方案 2. 制订工具、材料摆放定位方案并实施 3. 能使资料的归位	整顿实训室	1. 制订整顿简单实训室方案并实施	1. 按照8~10人一组进行分组 2. 教师布置学习内容及目标;(整理焊接、自动生产线、云教室等实训室。每2组一个) 3. 各小组制订学习方案,教师指导审核 4. 各小组按照方案完成学习目标,教师指导 5. 各组汇报学习成果 6. 学生与教师评价	2 授课地点:机电轨道实训中心
				2. 整顿复杂实训室	1. 按照8~10人一组进行分组 2. 教师布置学习内容及目标;(整理地铁调度运营、轨道信号控制、机械加工、地铁车站机电设备维修实训室。每2组一个) 3. 各小组制订学习方案,教师指导审核 4. 各小组按照方案完成学习目标,教师指导 5. 各组汇报学习成果 6. 学生与教师评价	4 授课地点:地铁车站机电设备维修实训室
4	项目四 ××实训室的清扫、安全、清洁	**知识:** 1. 清扫的含义、对象、要点 2. 安全的含义及构筑安全的六个方面 3. 清洁的含义、要点 **技能:** 1. 制订清扫责任表 2. 清扫××实训室 3. 能识别安全隐患;制订××安全管理制度 4. 学会清洁××实训室	××实训室的清扫、安全、清洁	1. 制订清扫、安全、清洁××实训室方案	1. 按照8~10人一组进行分组 2. 教师布置学习内容及目标;(制订清扫、安全、清洁××实训室方案) 3. 各小组制订学习方案,教师指导审核 4. 各小组按照方案完成学习目标,教师指导 5. 各组汇报学习成果 6. 学生与教师评价	2 授课地点:机电轨道实训中心
				2. 清扫、安全、清洁××实训室	1. 按照8~10人一组进行分组 2. 教师布置学习内容及目标;(清洁地铁调度运营、沃尔沃实训中心、机械加工、地铁车站机电设备维修实训室。每2组一个) 3. 各小组制订学习方案,教师指导审核 4. 各小组按照方案完成学习目标,教师指导 5. 各组汇报学习成果 6. 学生与教师评价	4 授课地点:地铁车站机电设备维修实训室

续上表

序号	工作项目	能力要求	模块	任务	活动设计	参考学时
5	项目五 如何开好晨会	**知识：** 1. 素养的含义 2. 素养的三项注意点 3. 晨会的六大好处 **技能：** 1. 制订晨会方案 2. 能召开晨会	召开一次晨会	召开一次晨会	1. 按照 8～10 人一组进行分组 2. 教师布置学习内容及目标；(学会组织召开晨会) 3. 各小组制订学习方案，教师指导审核 4. 各小组按照方案完成学习目标，教师指导 5. 各组汇报学习成果 6. 学生与教师评价	2 授课地点：机电轨道实训中心
6	项目六 以 6S 模式管理实训中心	**知识：** 1. 6S 管理推行的 11 个步骤 2. 6S 管理的过程控制 3. 目视管理 **技能：** 1. 制订 6S 模式管理实训中心方案 2. 能 11 个步骤推行方案 3. 学会对 6S 管理的过程进行控制(红牌作战、定点摄影)	以 6S 模式管理实训中心	1. 以 6S 模式管理电梯维修实训中心	1. 按照 8～10 人一组进行分组 2. 教师布置学习内容及目标 3. 各小组制订学习方案，教师指导审核 4. 各小组按照方案完成学习目标，教师指导 5. 各组汇报学习成果 6. 学生与教师评价	4 授课地点：电梯维修实训中心
				2. 以 6S 模式管理机电轨道实训中心	1. 按照 8～10 人一组进行分组 2. 教师布置学习内容及目标 3. 各小组制订学习方案，教师指导审核 4. 各小组按照方案完成学习目标，教师指导 5. 各组汇报学习成果 6. 学生与教师评价	6 授课地点：机电轨道实训中心
合计						32

1. 形成性评价

形成性评价的任务是对学生日常学习过程中的表现、所取得的成绩以及所反映出的情感、态度、策略等方面的发展做出评价。其目的是激励学生学习，帮助学生有效调控自己的学习过程，使学生获得成就感，增强自信心，培养合作精神。形成性评价有利于学生从被动接受评价转变成为评价的主体和积极参与者。为了使评价有机地融入教学过程，应建立开放、宽松的评价氛围，以测试和非测试的方式以及个人与小组结合的方式进行评价，鼓励学生与教师共同参与评价，实现评价主体的多元化。形成性评价的形式可有多种，如课堂学习活动评比、学习效果自评、平时测验等。

形成性评价可采用描述性评价、等级评定或评分等评价记录方式。无论何种方式，都应注意评价的正面鼓励和激励作用。教师要根据评价结果与学生进行不同形式的交流，充分肯定学生的进步，鼓励学生自我反思、自我提高。

应注重对学生动手能力和在实践中分析问题、解决问题能力的考核，对在学习和应用上有创新的学生给予特别鼓励，综合评价学生的能力。

2. 终结性评价

终结性评价是检测学生能力发展程度的重要途径，也是反映教学效果、的重要指标之一。终结性评价必须以考查学生综合应用能力为目标，力争科学地、全面地考查学生在经过一段学习后所具有的6S管理的基本能力。每一个项目完成后都要进行汇报评价，全面考查学生综合应用能力。

考核方式如表5-8所示。

考核方式 表5-8

考核分类		考核方式	成绩比例(%)
形成性评价	课堂理论测试	以检查作业、课堂提问为主	20
	实训技能测试	以实践操作报告的表现为主	30
终结性评价	小组汇报	完成一个项目，进行一次成果汇报。每一名学生都参与项目小组成果汇报，根据表现由教师和学生给以评价	40
素质评价	考核学生的基本综合素质	观察学生的考勤情况、学习态度、职业道德、团队合作、语言交流、组织管理等	10
合计			100

（四）其他说明

本课程都教学项目设计可结合学生在校学习生活现场的6S管理，以宿舍、教室、实训室、实训中心为主，结合本课程教学改进以上现场的管理，并使学生养成良好的素养。

课程22　轨道交通模型设计与制作

课程名称:轨道交通模型设计与制作
课程性质:拓展平台课
建议学时:32学时(32实践学时)
适用专业:城市轨道交通机电技术

一、前言

(一)课程定位

轨道交通模型设计与制作是城市轨道交通机电技术专业的一门职业认知性的拓展平台课。轨道交通一门新兴交通行业,此门课程的目的是培养学生对于行业的认可度,清晰专业的轮廓,对实物设备进行动手模拟构建的环节,为工作设备提供熟悉度。设置该课程的目的是城市轨道交通机电技术专业学生掌握轨道交通系统的结构、组成等理论知识,具备设备认知等能力。本课程注重实用技术和职业素质的培养,对实现专业人才培养目标起重要作用,是专业课程学习的拓展。

(二)教学设计思路

本课程的总体设计思路是,打破传统学科课程以知识为主线构建知识体系的设计思路,采用以项目操作的实际任务为引领,通过任务整合相关知识和技能来设计该课程。

本课程的相关工作任务是通过构想、草图、效果图、制作模型等手段来展示成果,模型更是表现空间设计的直接手段。通过本课的学习掌握模型在设计活动中的作用与意义,及其制作的正确方法和过程。在实践过程中培养独立思维,提出问题和解决问题的能力,为更深入的研究所设计空间提供新的途径和构思表现的方法,为设计的推敲与完善提供技术支持。

本课程教学活动的设计,以培养学生动手操作能力为主线,从而提高学生的直观感受力及创新设计能力。对课程中的四个项目,学生可任选其一进行设计与制作,但是要保证设计的规范性与制作的精良,保证课程教程的教学有序进行,达到课程要求。

二、课程目标

在教学中通过实践的训练,使学生懂得学习模型制作的作用与意义,理解并掌握模型制作的基本原理和方法,提高学生对三维空间设计的形态、知识的理解和掌握,培养学生模型制作的基本原理与三维空间表现设计的能力,继而培养学生的创新意识和审美情趣,为专业设计的学习打下扎实的基础。

（一）能力目标

（1）能了解模型的种类、原料及工具。

（2）能熟练模型制作的各种方法。

（3）能掌握模型表现三维空间中的真实体量、比例与效果。

（4）能掌握一定的材料性能与一定的工艺技能。

（5）能独立完成相关项目的制作。

（二）素质目标

（1）培养沟通能力。

（2）培养审美能力。

（3）培养环保、节约意识。

（4）锻炼团队协调能力。

（5）锻炼实践动手操作能力。

三、课程内容与要求（表5-9）

四、实施建议

（一）教材选用和编写建议

1. 教材选用

（1）教材应该充分体现以启发创新意识为目标，以任务为引领的课程设计思路。

（2）教材编写应打破传统的学科界线和教学方法，把基础学科的训练项目分解到具体的工作任务中去，真正体现“在做中学、在做中会”的理念，使学习目标明确，更具应用性。

（3）教材编写应注意到设计领域的快速发展和变化，所以在教学内容和教学手段的编写和运用上要有前瞻性，争取将本学科的新知识，新技术、新材料、新发展融入教材建设中去。

2. 教材编写原则与要求

（1）根据专业人才培养方案的总体设计思想及本课程的教学目标要求选用合适的理论实践一体化的项目课程教材。

（2）根据高职教学特点及专业人才培养方案和本课程标准，开发院本教材。教材开发的建议如下。

①组织开发专业主干课程系列教材，以更好地实现专业人才培养目标；

②开发教材的主编和主审，须是直接参与人才培养方案和课程标准制订的骨干教师；

③教材结构和内容须符合人才培养方案和课程标准提出的要求，讲究“实在”、“实效”，编排时要符合五年制高职教学的特点和要求；

④选取的项目或课题应将企业的实际应用和学校的实际有机结合，由浅入深，由简到繁，循序渐进，符合学生的学习基础和认知规律的原则；

⑤教材编写应充分体现理论实践一体化教学的特点，理论知识和实践操作有机结合，内容的选择力求明确，可操作性强，便于贯彻“做中学、学中做”的理念；

表 5-9

轨道交通模型设计与制作课程内容与要求

序号	工作项目	能力要求	模块	任务	活动设计	参考学时
1	项目一 道岔模型的设计与制作	**知识：** 1. 了解模型的种类、原料及工具 2. 掌握模型制作的各种方法 3. 掌握模型表现三维空间中的真实体量、比例与效果 **技能：** 能独立完成相关项目的制作与命题创作	1. 实体的认知 2. 模型制作过程	1. 道岔模型的结构 2. 制作道岔的工具与材料 3. 模型的装配	1. 利用在现有的实训条件，分析模型任务 2. 设计图纸的绘制 3. 制作模型所要的材料清单 4. 材料及工具的准备 5. 进行模型零部件的加工 6. 将模型进行外表的美化操作，并且提交作品	8
2	项目二 车站模型的设计与制作	**知识：** 1. 了解模型的种类、原料及工具 2. 掌握模型制作的各种方法 3. 掌握模型表现三维空间中的真实体量、比例与效果 4. 掌握一定的材料性能与一定的工艺技能 **技能：** 能独立完成相关项目的制作与命题创作	1. 车站模型制作的前期准备	1. 车站模型的结构 2. 制作车站模型的工具与材料	1. 分析车站模型的结构 2. 设计车站图纸，可利用网络搜索资源 3. 制作模型所需材料的清单	8
			2. 车站模型的制作	3. 模型的装配	1. 切割材料的工具及切割技术的培训 2. 训练接合工具级接合技术 3. 修改调整车站模型方案 4. 将模型进行外表的美化操作，并且提交作品	

续上表

序号	工作项目	能力要求	模块	任务	活动设计	参考学时
3	项目三 供电设备模型的设计与制作	**知识：** 1. 了解模型的种类、原料及工具 2. 掌握模型制作的各种方法 3. 掌握模型表现三维空间中的真实体量、比例与效果 4. 掌握一定的材料性能与一定的工艺技能 **技能：** 能独立完成相关项目的制作与命题创作	1. 供电示教板的原理认知 2. 模型的制作	1. 供电设备模型的结构 2. 制作供电设备的工具与材料 3. 模型的装配	1. 进行供电设备模型分析 2. 设计供电模型的图纸 3. 选择合适的材料，充分了解掌握使用材料的特性、材料的加工方法、涂装性。能效果。准备适当的工具和加工设备 4. 制作辅助骨架，进行组装 5. 对模型进行色彩涂饰和完善 6. 表面处理，进行美化	8
4	项目四 信号机模型的设计与制作	**知识：** 1. 了解模型的种类、原料及工具 2. 掌握模型制作的各种方法 3. 掌握模型表现三维空间中的真实体量、比例与效果 4. 掌握一定的材料性能与一定的工艺技能 **技能：** 能独立完成相关项目的制作与命题创作	信号机的设计与制作	1. 信号机模型的结构 2. 制作信号机模型工具与材料 3. 模型的装配	1. 分析制作信号机的任务内容 2. 信号机模型的设计 3. 常用材料的选择极其性能，常用材料：木材、泡沫、油泥 4. 模型制作的主要设备、工具及辅助材料介绍与准备 5. 制作与组装 6. 提交作品	8
合计						32

⑥教材语言平实、图文并茂，便于学生自主学习。注重新技术、新知识、新工艺、新方法的介绍，适度关注学生的可持续发展，为学有余力的学生留下进一步拓展知识能力的内容和空间。

3. 教学参考资料使用建议

鼓励学生自主的寻找一些变频供水方面的资料，查阅互联网上的一些新资料，利用闲暇时间去完成课程中的一些图片资料收集。

（二）教学建议

（1）教学过程应充分考虑课程形式的多样化，可运用案例教学、项目活动教学、临摹教学，激发学生的学习兴趣，使教学即有明确的实战目的，也能提升他们的学习能力。

（2）教学演绎过程中应突出师生的"互动性"，如创设情境，激发学生主动学习的内驱力，提升学生分析问题、解决问题的能力。

（3）专业教师应注意提高自身的职业化、市场化、实战化水平，真正实施"产—学—研—教"相结合的职业技能教育。

（三）教学考核评价建议

（1）本课程以形成性评价为重点评价手段。

（2）以总结性评价为最后考核手段。

（3）以任务过程为学期单位模块，进行评价。

（4）以综合任务目标为学年单位模块，进行评价。

形成性评价是在教学过程中对学生的学习态度和各类作业进行中的情况进行的评价。总结性评价是在最后总任务完成后的终极评价。教师可以要求学生用《设计日记》的方式进行设计思考的物化表现，整个任务设计过程中，教师可以根据这个《设计日记》来观察、考察、鉴定学生的设计思维和设计思考及设计手段的形成过程，从而形成所谓"形成性评价"与"总结性评价"的完美结合。使评价更具有先进性、科学性和可操作性。其中形成性评价占60%，总结性评价占40%。

（四）课程资源的开发与利用

（1）充分发挥校内外实习基地的功用，聘请实践性强的技术人员和工人师傅来校指导，多组织学生进行供配电实地参观，有条件应争取将学生分成若干小组分别到若干实习基地进行供配电实践，以强化学生的专业技能。

（2）充分利用已有的各类教学资源，选用符合教学要求的录像、多媒体课件，电影、资料文献等资源辅助教学，要注意介绍机械装调的新工艺、新技术、新成果，以拓展学生眼界，提高教学的效率、水平和质量。

（3）针对教学的需要和难点，对技术性强，学校能力（含师资）滞后的内容，要充分利用联合技术学院机电协作组的资源优势，相互学习帮助，以促进相关课程教学，特别是对一些尚未开发但能切实提高教学效率和质量的相关教学资源，要组织力量，开发相应的影像资料、多媒体课件、PPT 文本资料等辅助教学资源，并逐步实现资源共享，共同提高。

第六部分

综合实践平台课程标准

课程 23　维修电工取证

课程名称：维修电工取证

课程性质：综合实训平台课

建议学时：48 学时（实践 48 学时）

适用专业：城市轨道交通机电技术

一、前言

课程定位

维修电工取证是电气化铁道技术、机电一体化技术、城市轨道控制技术应用专业的必修课程，为理实一体化课程。其前修课程为机械制图、电工基础、电机拖动与电气控制，通过电工基础的学习，学生掌握电学基本概念、定律以及交直流电路的分析方法。通过电机拖动与电气控制的学习，学生掌握常用低压电器的结构、作用、工作原理及选用原则，电机拖动及电气控制技术的基本理论知识与技能，为本课程学习打下良好的理论基础。后续课程为机电设备故障诊断、一、二次变电技术等。通过本课的学习，学生掌握基本的以继电器为主的电气控制系统安装与维修的基本知识和基本技能，为学生的顶岗实习和毕业论文的撰写提供了理论支撑。

二、实训目标

（一）总体目标

本课程通过以实际工作任务为驱动，以实际工作过程为导向的教学活动，训练和提高学生综合运用电力拖动与电气控制技术等知识解决实际问题的能力，使其能够胜任电气系统线路及器件的安装、调试与维护、修理的任务，为未来从事相关岗位的工作奠定能力基础。本课程的教学目标是使学生掌握根据电气控制设备的工艺要求，查找有关资料，选择电器元件，安装电气线路，故障查找与调试，整理设计资料。注重能力培养与创新教育，在独立完成设计任务的同时注意多方面能力的培养与提高，使学生具有较强的工作适应能力。

（二）具体目标

1. 知识目标

（1）电气系统元器件的选用和安装的基本知识。

(2)常用低压电器元件的使用及安装方法。

(3)对常用电气控制线路的基本要求、分析。

(4)对典型电气控制线路的工作原理图熟悉。

(5)根据工艺要求进行操作接线,并理解电气控制线路的原理。

(6)电气控制线路的检测与调试。

(7)电气控制线路工艺的正确。

(8)进行电动机的起动、制动与调速控制环节。

(9)进行对电气控制线路的故障排故与运行操作。

2. 能力目标

(1)能处理电机和电器控制电路的简单故障。

(2)具有查阅手册等工具书和设备铭牌、产品说明书、产品目录等资料的能力。

(3)能阅读电气原理图,并能画出简单的电气控制原理图。

(4)能够根据需要完成常用低压电器种类和主要参数的选择。

(5)根据给定的控制要求,能够设计控制线路,选择最佳的控制线路方案。

(6)能够正确使用仪器、仪表。

(7)能按照操作规范进行正确操作。

(8)能正确记录、分析各种检查结果。

3. 素质目标

(1)具有良好的安全生产意识,能够自觉按规程操作。

(2)具有良好的合作精神与沟通能力。

三、项目设计理念

通过此项实训旨在加强学生在电气控制方面的实践技能训练,培养学生的综合职业能力和职业素养;独立学习及获取新知识、新技能、新方法的能力;与人交往、沟通及合作等方面的态度和能力。

四、核心技能描述

维修电工取证课程既是一门专业基础课程,又是一门实践性很强的课程。以安装、操作、维修电工等职业岗位群和技术领域的技能需求为依据设置的实践教学项目,更新实践内容。整个实训内容分为基础技能实训、应用技能实训、综合技能实训和贴近生产技能实训。在每个实训阶段,分别设立不同的实训内容和实训项目。在生产技能训练中,强调工学结合,以就业为导向,将技能教给学生,将实验室作为学生生产训练的基地,为社会服务的理念,使学生在学校期间接触实际生产,得到实际技能训练。在教学内容组织与安排上,针对课程内容和教学进程,采用现场亲自言传身带的教学手段。注重理论教学与实践教学相结合。

五、实训内容与要求

(一)维修电工实训综合内容及要求(表6-1)

维修电工综合实训授课内容及要求　　表6-1

学习项目	技能要求	知识要求	素质要求	内容安排		
				授课内容	教学设计	参考学时
项目一 安全用电及电器设备结构认知	1. 安全用电的基本规则 2. 常用电器设备结构拆装认识与检测 3. 常用工具及测量仪表的使用	1. 通过安全教育 2. 熟悉常用电工工具使用方法 3. 理解电路的工作原理	严格遵守安全操作规程,培养认真的学习态度及解决实际问题的能力,培养严谨的工作态度,严格遵守安全操作规程	1. 安全用电教育	1. 安全教育 2. 实训说明 3. 发放电路图 4. 讨论电路原理 5. 工具准备 6. 实践操作	2
				2. 保护接地与保护接零		
				3. 绝缘检测		
				4. 按钮开关、断路器结构		2
				5. 交流接触器与热继电器结构		
项目二 三相异步电动机的基本控制电路接法	要求必须掌握 1. 三相异步电动机主电路画法及接线 2. 进行点动与自锁控制电路安装 3. 顺序控制电路安装 4. 基本正反转控制电路安装的学习	1. 主电路接线的基本要素 2. 点动、自锁控制电路的接线 3. 顺序控制电路安装 4. 基本正反转控制电路安装的学习	使学生了解维修电工操作流程;并具备正确识读电气原理图的能力,并能够正确安装电路图	1. 主电路接线规则与工艺接线要求	1. 画出点动式控制电路原理图 2. 画出自锁式控制电路原理图 3. 画出两台电动机顺序起动控制电路原理图 4. 画出基本正反转控制电路原理图 (以上原理图均要画出主电路图)	2
				2. 点动式接线与控制方式		
				3. 自锁控制电路的接线与安装		2
				4. 两台以上电动机顺序控制电路接线与安装		2
				5. 基本正反转控制电路接线与安装		2
项目三 三相异步电动机正反转电路	1. 基本正反转控制电路 2. 交流接触器互锁式正反转控制电路 3. 接钮开关与交流接触器双重联锁正反转控制电路 4. 行程控制正反转控制电路	1. 两个交流接触器正反转主电路接线方法与基本要求 2. 两个交流接触器线圈在控制电路中并联接法 3. 行程开关在正反转电路中的作用分析 4. 四种正反转控制电路的特点比较	使学生了解维修电工操作流程;并具备正确识读电气原理图的能力,并能够正确安装电路图,进行检测过程的操作	1. 三相异步电动机主电路正反转工艺接线	1. 画出基本正反转控制电路原理图 2. 画出互锁式控制电路原理图 3. 画出双重联锁控制电路原理图 4. 画出行程控制电路原理图 (以上原理图均要画出正反转主电路)	2
				2. 基本正反转控制电路接线操作		
				3. 互锁式正反转控制电路接线操作		2
				4. 双重联锁正反转控制电路接线操作		4
				5. 行程控制正反转控制电路接线操作		4

续上表

<table>
<tr><th rowspan="2">学习项目</th><th rowspan="2">技能要求</th><th rowspan="2">知识要求</th><th rowspan="2">素质要求</th><th colspan="3">内容安排</th></tr>
<tr><th>授课内容</th><th>教学设计</th><th>参考学时</th></tr>
<tr><td rowspan="4">项目四
三相异步电动机降压起动电路</td><td rowspan="4">1. 自耦变压器降压起动电路
2. 定子绕组串电阻降压起动电路
3. 星形转三角降压起动电路
4. 双速电机降压起动电路</td><td rowspan="4">1. 用三相自耦变压器降压起动电路接线方法
2. 定子绕组串电阻降压起动接线方法
3. Y—Δ 降压起动控制电路接线方法
4. 双速电机(高低速)降压起动电路</td><td rowspan="4">使学生了解维修电工操作流程;并具备正确识读电气原理图的能力,并能够正确安装电路图,进行检测过程的操作和排故</td><td>1. 熟悉三相自耦变压器降压起动过程与电路图</td><td rowspan="4">1. 画出三相自耦变压器降压起动电路原理图
2. 画出定子绕组串电阻降压起动电路原理图
3. 画出 Y—Δ 降压起动控制电路原理图
4. 画出双速电机(高低速)降压起动电路原理图
(以上均要画出主电路与控制电路)</td><td rowspan="2">2</td></tr>
<tr><td>2. 熟悉三相定子绕组串电阻降压起动过程与电路图</td></tr>
<tr><td>3. 掌握 Y—Δ 降压起动控制电路的完整工艺接线与操作</td><td>6</td></tr>
<tr><td>4. 了解双速电机(高低速)降压起动电路的起动过程和电路图</td><td>4</td></tr>
<tr><td>项目五
机床电路考核项目训练</td><td>1. CA6140、C650 车床电气控制线路的故障检修与排故方法
2. Z3050 摇臂钻床电气控制线路的故障检修与排故
3. T68 镗床电气控制线路故障检修与排故方法
4. X62W 卧式铣床电气控制线路的故障检修与排故方法</td><td>1. 使学生熟悉看整机电路图的方法
2. 掌握各类机床常规检修的基本方法</td><td>使学生了解工厂机床电气控制的一般规律;具备正确识读电气原理图的能力,并能够正确安装电路图,进行检测过程的操作</td><td>1. 熟悉工业机械电气设备维修的一般要求,掌握工业机械电气设备维修的一般方法及注意事项
2. 熟悉 CA6140、C650 车床电气控制线路构成,掌握 CA6140、C650 车床电气控制线路的分析方法及其安装、调试与维修
3. 熟悉 Z3050 摇臂钻床、T68 立式镗床、M7120 万能磨床和 X62W 铣床电气控制线路的分析方法及其安装、调试与维修</td><td>1. 绘制 CA6140A 普通车床电气原理图
2. 绘制 Z3050 摇臂钻床电气原理图
3. 绘制 X62W 万能铣床电气原理图
4. 注明并阅读每台机床电气控制电路中的触点标识符号的意义</td><td>12</td></tr>
<tr><td colspan="6">合计</td><td>48</td></tr>
</table>

(二)实训教学基本要求

(1)教材选取的原则:选用自编教材。

(2)推荐教材:《维修电工生产实习》、《电力拖动控制线路与技能训练》。

(3)参考的教学资料:维修电工手册;电力拖动控制线路与技能训练、安全用电。

(三)教师要求

具有一定的专业素质及专业技术水平,高级工以上资格,从事维修电工相关知识专业教龄 5 年经验以上,有一定的一体化教学经验的双师型教师任教。

六、其他说明

(一)实训场地要求(表 6-2)

实训场地要求 表 6-2

序号	设备名称	单位	最低配置	备注
1	电力拖动实验台	台	四人一工位	工具自备
2	模拟实训板	个	人手一套	
3	实验用三相异步电动机	台	2	
4	万用表、摇表、导线等			实验室配备

(二)考核方式与标准(表 6-3)

考核方式与标准 表 6-3

项目	考核方式	标准	备注
笔试	闭卷(占总分 40%)	职业技能鉴定标准	理论卷
检测	实测(占总分 10%)	职业技能鉴定标准	现场检测
接线操作	电气控制线路接线(占总分 50%)	职业技能鉴定标准	要求通电试车一次成功

注:维修电工取证实训主要以接线操作和设备检测为主的实训过程。

课程 24　智能楼宇布线与安装

课程名称：智能楼宇布线与安装
课程性质：综合实践平台课
建议学时：48 学时
适用专业：城市轨道交通机电技术

一、前言

(一)课程定位

智能楼宇布线与安装是城市轨道交通机电技术专业的一门综合实践平台课课。楼宇智能化是采用计算机技术对建筑物内的设备进行自动控制，对信息资源进行管理，为用户提供信息服务，它是机电技术适应现代社会信息化要求的结晶。设置该课程的目的是使该专业学生掌握楼宇智能化系统的结构、组成、工作原理等理论知识，具备楼宇智能化系统的安装、管理与维护等实践能力。本课程注重实用技术和职业素质的培养，对实现专业人才培养目标起重要作用，是专业课程学习和顶岗实习的桥梁，同时为学生毕业后能够胜任工作岗位提供了很好的纽带作用。

(二)教学设计思路

智能楼宇布线与安装是一门理论性与实践性都很强的专业课。课程的总体设计思路是：以培养职业能力为核心，以职业实践为主线，构建理实一体化的课程教学模式，积极探索教学方法与成绩评价方法的创新，保证课程目标的实现。

课程设置的依据是电气自动化专业工作岗位群的职业能力和素质要求。课程内容的选取是按照楼宇智能化技术课程涉及的工作领域和工作任务范围，在具体设计过程中，以智能楼宇各子系统为载体，使工作任务具体化，产生具体的学习项目。项目编排是以任务项目形式对每个子系统从工作原理、设备组成等知识进行讲解，进行系统的施工图识读设计、设备安装等技能操作，力求同实际工程相结合，突出职业技能的培养。依据工作任务完成的需要、高等职业院校学生的学习特点和职业能力形成的规律，按照智能楼宇管理师职业资格标准确定课程的知识、技能等内容。

二、课程目标

(一)知识目标

(1)掌握楼宇智能化相关技术。

(2)理解典型智能楼宇设备的功能。

(3)理解智能楼宇各子系统的特点、结构和组成。

(4)理解智能楼宇各子系统的工作原理和接线方法。

(5)掌握楼宇智能化技术相关标准规范。

(二)能力目标

(1)能熟练构建智能楼宇各子系统。

(2)能熟练调试智能楼宇各子系统的功能。

(3)能分析楼宇智能设备的运行状况分析并进行归档。

(4)能分析系统故障并提出解决实际问题的方法。

(5)能制订出切实可行的智能楼宇系统设计方案。

三、课程内容与要求(表6-4)

四、实施建议

(一)教材选用和编写建议

1. 教材选用

本课程主要以教师自制讲义为主,以教师自制的任务书为辅,结合自制课件进行教学。其次参考实验设备的使用指导书,加入网络资料完善实训项目设计。参考教材为侯家奎主编,重庆大学出版社出版的教材《楼宇智能化系统综合实训》。

2. 教材编写原则与要求

(1)根据专业人才培养方案的总体设计思想及本课程的教学目标要求选用合适的理论实践一体化的项目课程教材。

(2)根据高职教学特点及专业人才培养方案和本课程标准,开发院本教材。教材开发的建议如下。

①组织开发专业主干课程系列教材,以更好地实现专业人才培养目标。

②开发教材的主编和主审,须是直接参与人才培养方案和课程标准制订的骨干教师。

③教材结构和内容须符合人才培养方案和课程标准提出的要求,讲究“实在”、“实效”,编排时要符合五年制高职教学的特点和要求。

④选取的项目或课题应将企业的实际应用和学校的实际有机结合,由浅入深,由简到繁,循序渐进,符合学生的学习基础和认知规律的原则。

⑤教材编写应充分体现理论实践一体化教学的特点,理论知识和实践操作有机结合,内容的选择力求明确,可操作性强,便于贯彻“做中学、学中做”的理念。

⑥教材语言平实、图文并茂,便于学生自主学习。注重新技术、新知识、新工艺、新方法的介绍,适度关注学生的可持续发展,为学有余力的学生留下进一步拓展知识能力的内容和空间。

鼓励学生自主的寻找一些变频供水方面的资料,查阅互联网上的一些新资料,利用闲暇时间去完成课程中的一些统计信息。

(二)教学建议

(1)增加专业课课堂教学的内容承载。不但有知识的传授,还有楼宇自动化系统设计训练;不但有专业内容的教学,还有基本素质(设计能力、协作能力和学习能力)的训练。

智能楼宇布线与安装授课内容及要求

表 6-4

序号	工作项目	能力要求	模块	任务	参考学时
1	项目一 可视对讲门禁及室内安防系统	知识: 1. 了解电力系统远动的功能 2. 掌握远动信息及传输模式 3. 了解远动系统的基本结构 4. 了解调度自动化系统 技能: 能够独立操作调度员工作站,能够探索系统各种功能并且分析原因	1. 可视室内机的安装、连接与使用	1. 管理中心机的接线 2. 室外主机、可视室内分机的安装与调试 3. 层间分配器与安防探测器的安装与调试 4. 上位机软件的安装与使用	8
			2. 可视室内机常见故障的排除	1. 无法呼叫或无法响应呼叫 2. 室外主机呼叫室内分机或室内分机监视室外主机时显示屏不亮	
2	项目二 闭路电视监控及周边防范	知识: 1. 掌握远动技术监控设备的原理 2. 理解故障产生后的信号传输 3. 掌握监控系统接收控制命令的方式 技能: 能够进行线路故障的诊断	1. 闭路电视监控的安装	1. 视频线的 BNC 接头制作 2. 万向云台和解码器间的连接 3. 摄像机、矩阵、硬盘录像机和监视器间的连接	8
			2. 周边防范系统的安装	1. 周边防范系统接线 2. 系统编程及操作	
3	项目三 综合布线实训	知识: 1. 掌握系统的通信硬件 2. 了解通信的基础原理 3. 掌握线路的类别 4. 掌握模块的接线 5. 掌握数据跳线的方法 技能: 能够进行只能楼宇的布线计划	1. 主要模块及安装	1. 电话程控交换机、以太网交换机 2. RJ45 配线架和电话配线架	10
			2. 系统接线	1. RJ45 配线架、电话配线架的接线 2. 模块的接线 3. 制作 ANSI/TIA/EIA 568-B 数据跳线 4. 系统布线 5. 制作语音跳线	

续上表

序号	工作项目	能力要求	模块	任务	参考学时
4	项目四 消防报警控制器	**知识：** 1. 掌握各种所用传感器的形式 2. 了解模拟火灾报警的过程 3. 掌握系统显示面板的设定 4. 掌握主题模块的安装 5. 掌握联动系统的模式 **技能：** 能够进行报警控制器的设定	报警控制器的安装与设定	1. 火灾报警控制器 2. 系统设备编码 3. 感烟、感温探测器的认知 4. 系统显示面板的操作 5. 主要模块的一体化控制系统 6. 消防系统联动公式的设定	10
5	项目五 DDC 监控及照明控制实训	**知识：** 1. 掌握 DDC 监控系统的结构 2. 了解系统的接线方式 3. 掌握接线图的识读 4. 掌握控制模块的作用于设定 **技能：** 能够进行监控系统故障的维护	1. DDC 系统的前期工作	1. DDC 系统的模型认知 2. 接线与操作说明，易出错环节的标记 3. 系统接线图的识记与绘制	12
			2. 系统的后期工作	1. DDC 系统的安装与调试 2. HW-BA5210 DDC 控制模块的功能性调试 3. 选取典型故障分析与排除	
合计					48

(2)本课程以先进的建构主义学习理论为指导,采用“教、学、做相结合的引探教学法”。教师的任务是引导,不是灌输;学生的工作是对知识的探索和对技能的主动练习,不是死记结论。

(3)课程内容的选材以培养学生的能力为中心,注意实用性、操作性、先进性和科学性。叙述方式注意照顾普高生与职高生的特点,从初学者的认识规律出发组织教材内容。

(4)不但有每堂课的课程讲授的设计(微观设计),而且有全学期的整体安排(宏观设计)。实现全课程教学内容的双循环。

(5)课内设计的任务是进行综合能力训练,不可以用单项的作业取代。学生要完整地完成楼宇自动化系统设计任务,以积累职业岗位上不可或缺的综合经验,锻炼本专业的综合能力。

(6)每次课程不是从定义出发,而是以实际问题引入,以实例引导,以实例功能的改进为动力。从实践到经验再上升到理论。努力调动学生的学习积极性,千方百计提高学生的参与程度。课内外结合,讲、作、问、答、练、考、多线并进,使整个课程成为一个有机的整体。教学过程中,讲授、问答、练习、考核等内容多线并行、有条不紊地推进。

(三)教学考核评价建议

改革传统的学生评价方法,采用阶段(过程性)评价,目标评价,项目评价,理论与实践一体化评价模式;实施评价主体的多元化,采用教师评价、学生自我评价、社会评价相结合的评价方法。

具体的评价手段可以采用观测、现场操作、提交实验报告、闭卷或开卷测试等,评价重点为学生动手能力和实践中分析问题、解决问题能力(及创新能力),对在学习和应用上有创新的学生应予特别鼓励。每组要进行系统的设计、调试,写出实训报告,并进行答辩,该部分占总成绩的80%。出勤、作业与课堂答问占总成绩的20%。

(四)课程资源的开发与利用

(1)充分发挥校内外实习基地的功用,聘请实践性强的技术人员和工人师傅来校指导,多组织学生进行供配电实地参观,有条件应争取将学生分成若干小组分别到若干实习基地进行供配电实践,以强化学生的专业技能。

(2)充分利用已有的各类教学资源,选用符合教学要求的录像、多媒体课件,电影、资料文献等资源辅助教学,要注意介绍机械装调的新工艺、新技术、新成果,以拓展学生眼界,提高教学的效率、水平和质量。

(3)针对教学的需要和难点,对技术性强,学校能力(含师资)滞后的内容,要充分利用联合技术学院机电协作组的资源优势,相互学习帮助,以促进相关课程教学,特别是对一些尚未开发但能切实提高教学效率和质量的相关教学资源,要组织力量,开发相应的影像资料、多媒体课件、PPT文本资料等辅助教学资源。并逐步实现资源共享,共同提高。

课程 25　钳工及焊接实训

课程名称:钳工及焊接实训
课程性质:综合实践平台课
建议学时: 24 学时
适用专业:城市轨道交通机电技术

一、前言

钳工及焊接实训课程是培养学生掌握钳、焊接技能的实践性教学活动,是培养学生熟练的操作能力的重要平台。该课程主要介绍各类基本焊接方法的焊接过程、实质、特点、适用范围以及所用设备的结构、原理和应用范围等,同时对焊接方法的新发展作了概括介绍。通过各种焊接方法的训练与实操,采用体验式教学模式。

学生在教师的指导下,通过教师示范和反复练习,巩固和掌握本课程所必需的基础理论、基本知识;掌握各种焊接的操作技能、技巧;增强安全生产和文明生产的意识,培养良好的职业道德,达到电焊工中级技术等级水平。

二、实训项目设计理念

本课程总体设计思路是:根据本课程对应的工作任务,将工作过程引入教学,以工作任务为引领确定本课程的结构,以职业能力为依据确定本课程的内容。以围绕掌握本专业职业能力来组织相应的知识、技能和态度,设计相应的实践活动;坚持以创设"真实的生产情境"为特征进行教学环境建设。教学过程中采用以"学生"为主体、以"典型焊接接头"为载体、"常规电弧焊方法实施焊接"的行动导向教学方法,注重学生专业能力、方法能力和社会能力的培养,增强其职业能力拓展的后劲,满足职业生涯发展需要。

焊接技术专项实训的课程内容要经历由社会调研的行业岗位分析到典型工作任务确定,从典型工作任务对职业核心能力的要求到学习领域的设定,强调学习领域的教学内容是由多个实训项目的整合,在每个学习情景构建中分成应知知识点、职业能力要点、职业素质训练三个部分,为学生素质能力、职业能力、创新能力培养开拓新的途径,每一个实训项目对应一个典型工作过程。

三、核心技能描述

学习完本课程后,学生应当能够熟练进行锯、锉的正确使用;焊条电弧焊、CO_2 气体保护焊等焊接作业。

(1)钳、焊安全教育。

(2)锯、锉工件。

(3)焊条电弧焊操作。

(4)气体保护焊操作。

四、实训项目作用

学生在教师指导下或借助相关资料,制订各种钳、焊作业计划,并实施和检查反馈。在进行焊条电弧焊、CO_2 气体保护焊等焊接作业过程中,使用工具、设备和运行材料等符合劳动安全和环境保护规定。在规定时间内完成各种焊接的准备材料、定位焊、实焊等项目,作业时标准规范安全文明。对已完成的任务进行记录、存档和评价反馈,自觉保持安全和健康的工作环境。

五、实训内容与要求(表 6-5)

六、其他说明

(一)实训方式与基本要求

(1)本实训课程的每一个实训项目均分组进行,5 ~8 人为一组,相互配合。

(2)钳工实训课程要在专业的培训场地对学生进行严格的训练,能够较熟练地掌握钳工基本操作技能。

(3)在进行钳工操作培训时,使学生掌握正确的操作姿势和动作要领,养成良好的文明生产习惯。

(4)在生产实习教学中,必须加强安全教育,严格执行安全操作规程。

(5)掌握各种焊接方法,尤其是电弧焊方法的过程、实质、特点和应用范围;熟悉影响焊接质量的因素及其行为、质量保证措施。

(6)了解常用典型电弧焊设备的结构组成、性能特点和应用范围,再通过实训教学环节,能正确选择、安装调试、操作使用和维护保养焊接设备。

(7)能根据实际的生产条件和具体的焊接结构及其技术要求,正确选择焊接方法及其工艺参数、工艺措施;初步能提出焊接工艺的改进、提高方案。

(8)本实训课程要求学生做好实验结果记录,试验后按照要求完成实验报告,并能对实验结果进行初步分析。

由于钳工及焊接实训课程具有较强的实际应用性,因此本课程在学生职业能力培养和职业素质养成两个方面起支撑和促进作用。

(二)工作规范

(1)认真贯彻“安全第一、预防为主”的方针,认真落实各项安全措施,坚持安全工作是一切工作的基础,积极完成各项工作任务。

(2)对学生有计划地进行安全思想、安全制度和安全技术的教育培训,不断提高学生的安全技能和意识。

(3)进入实训场地,认真组织各种安全活动,构筑安全文化,强化安全意识。

(4)学生应做好预习,指导教师不得擅自脱岗,应作好考勤。

钳工及焊接实训课程内容与要求

表 6-5

学习项目	技能要求	知识要求	素质要求	内容安排		
				授课内容	教学设计	参考学时
项目一 钳工操作	1. 能够正确使用钳工常用工具、量具和机具的操作方法 2. 会钳工的基本操作要领及工艺特点 3. 会钳工的基本操作要领及工艺特点 4. 会锯、锉、錾、划线、钻孔、铰孔、攻螺纹等操作方法 5. 能制订简单零件的钳工工艺过程， 6. 能够用钳工作业加工简单零件	1. 了解常用加工方法的设备、工具、夹具、量具及作用 2. 熟悉常用加工方法的工艺特点及应用 3. 会钳工的基本操作要领及工艺特点 4. 掌握锯、锉、錾、划线、钻孔、铰孔、攻螺纹等钳工操作要领及操作方法 5. 掌握制订简单零件的钳工工艺过程的方法	严格遵守安全操作规程，培养认真的学习态度及解决实际问题的能力，培养严谨的工作态度	1. 通用量具使用 2. 划线作业 3. 锯割加工 4. 錾削加工 5. 锉削加工 6. 钻孔、扩孔和铰孔；攻螺纹和套螺纹	1. 安全教育 2. 分组领取工具与设备 3. 各个小组进行角色分配 4. 发放工件毛坯 5. 实践操作 6. 教师对学生的 7. 作做最后的检验 8. 实训总结	12
项目二 焊接操作	1. 知道电焊危险性以及安全生产守则 2. 正确选择焊条与母材的配合使用 3. 会正确佩戴劳保用品 4. 会进行焊条电弧焊机的基本操作 5. 会正确选择焊接工艺参数 6. 能使用焊条电弧焊、CO_2 气体保护方法进行低碳钢板对接平焊、立焊操作	1. 熟悉劳动保护用品的种类及要求 2. 掌握焊接安全防护措施 3. 熟悉焊条电弧焊操作规程 4. 掌握焊条电弧焊机的基本操作、维护保养 5. 掌握 CO_2 气体保护焊焊的基本操作、维护保养 6. 掌握焊接工艺参数的选择方法 7. 掌握焊条电弧焊、CO_2 气体保护方法进行低碳钢板对接平焊、立焊操作方法	1. 激发学生创新意识的培养 2. 提高团队协作意识 3. 培养学生细致认真的工作态度	1. 焊接安全教育 2. 焊条电弧焊基本操作 3. 焊条电弧焊平对接操作 4. 焊条电弧焊立焊操作 5. CO_2 气体保护焊平对接操作 6. CO_2 气体保护焊立焊操作	1. 焊接实训室进行焊接安全教育 2. 焊接实训室进行焊条电弧焊 3. 焊接实训室进行气体保护焊 4. 实训心得交流 5. 实训总结	12
合计						24

(5)在实训中,学生必须服从指导教师,未经允许不得擅自启动电源,使用仪器、设备等。

(6)凡违反操作规程、损坏设备者,应按规定赔偿损失。

(三)考核与报告

全部课题结束后要完成实训报告,并作为考试成绩的一部分(占实训总成绩的10%),以巩固曾经学习过的知识点。

全部课题结束后要组织一次钳工、焊工操作技能考试,考试成绩占实训总成绩的70%。

实训总成绩 = 操作技能考试成绩(70%) + 实训报告成绩(10%) + 各课题平均成绩(20%)

课程 26　乌鲁木齐综合交通调查

课程目标:使学生了解新疆综合交通行业发展状况及乌鲁木齐周边相关企业的分布

授课方式:网络调查、企业调研、撰写报告

面向专业:城市轨道交通机电技术

课程成果:调研报告

实施进程表:

班级	×××		
指导教师	×××		
阶段	内　　容	时间	课时
第一阶段	布置调研任务		4
	讲解实施要求,进行项目分组		2
第二阶段	材料审查		4
	调研大纲		2
第三阶段	实施调研		6
	调研报告修订		4
	小组汇报		4
合计			26

课程 27　毕业论文格式规范说明

一、论文的结构与要求

毕业设计（论文）包括以下内容（按顺序）：

毕业设计（论文）包括封面、目录、标题、摘要、关键词、正文、注释、参考文献等部分。如果需要，可以在正文前加“引言”，在参考文献后加“后记”。论文一律要求打印，不得手写。

1. 目录

目录应独立成页，包括论文中全部章、节和主要级次的标题和所在页码。

2. 论文标题

论文标题应当简短、明确，有概括性。论文标题应能体现论文的核心内容、专业特点和学科范畴。论文标题不得超过 25 个汉字，不得设置副标题，不得使用标点符号，可以分二行书写。论文标题用词必须规范，不得使用缩略语或外文缩写词（通用缩写除外，如 WTO 等）。

3. 摘要

摘要应扼要叙述论文的主要内容、特点，文字精练，是一篇具有独立性和完整性的短文，包括主要成果和结论性意见。摘要中不应使用公式、图表，不标注引用文献编号，并应避免将摘要撰写成目录式的内容介绍。摘要一般为 200 个汉字左右。

4. 关键词

关键词是供检索用的主题词条，应采用能够覆盖论文主要内容的通用专业术语（参照相应的专业术语标准），一般列举 3 ~ 5 个，按照词条的外延层次从大到小排列，并应出现在摘要中。

5. 正文

正文一般包括“绪论（引论）”、“本论”和“结论”等部分。正文字数一般在 3000 ~ 5000 字。

绪论（引论）一般作为专业技术类论文的第一章，应综述前人在本领域的工作成果，说明毕业设计选题的目的、背景和意义，国内外文献资料情况以及所要研究的主要内容。绪论即全文的开始部分，不编写章节号。一般包括对写作目的、意义的说明，对所研究问题的认识并提出问题。

本论是全文的核心部分，应结构合理，层次清晰，重点突出，文字通顺简练。

结论是对主要成果的归纳，要突出创新点，以简练的文字对所做的主要工作进行评价。结论一般不超过 500 个汉字。

正文一级及以下子标题格式如下：

第 1 章

1.1

1.1.1

(1)

①

6. 参考文献

参考文献是论文的不可缺少的组成部分,是作者在写作过程中使用过的文章、著作名录。参考文献应以近期发表或出版的与本专业密切相关的学术著作和学术期刊文献为主。产品说明、技术标准、未公开出版或发表的研究论文等不列为参考文献,有确需说明的可以在后记中予以说明。

二、打印装订要求

论文必须使用标准 A4 打印纸打印,一律左侧装订,并至少印制 2 份。页面上、下边距各 2.5cm,左右边距各 2.2cm(论文所附的较大的图纸、数据表格及计算机程序段清单等除外),并按论文装订顺序要求如下:

1. 封面

封面使用毕业论文(设计)封面。

2. 目录

目录列至论文正文的三级及以上标题所在页码,内容打印格式要求与正文相同。目录页不设页码。

3. 摘要

摘要标题按照正文一级子标题要求处理,摘要不单独设置页码。

4. 关键词

关键词与摘要同处一页,位于摘要之后,另起一行并以“关键词”开头(四号黑体),后跟 3 ~ 5个关键词(四号楷体),用逗号分隔,其他要求同正文。

5. 正文

正文格式详见参考范本;

正文中的公式原则上居中。如公式前有文字(如:“解”、“假定”等),文字应与正文左侧对齐,公式仍居中,公式末尾不加标点。公式序号按章编排,如第二章的第三个公式序号为“(2—3)”,附录 2 中的第三个公式序号为“(②—3)”等;

正文中的插图应与文字紧密配合,文图相符,内容正确,绘制规范。插图按顺序编号,图号置于插图的正下方,图号使用标准五号宋体字,加粗;正文中的插表不加左右边线。插表按章编号并置于插表的左上方,插表序号使用标准五号宋体字,加粗。

6. 参考文献

按照 GB 7714—2015《文后参考文献著录规则》规定的格式打印,内容打印要求与论文正文相同。格式如下:

(1)著作图书文献。序号 作者. 书名. 出版者. 出版年份及版次(第一版省略).

(2)译著图书文献。序号 作者. 书名. 出版者. 出版年份及版次(第一版省略).

(3)学术刊物文献。序号 作者. 文章名. 学术刊物名. 年,卷(期).

（4）学术会议文献。序号 作者. 文章名. 编者名. 会议名称，会议地址，年份、出版地，出版者，出版年.

（5）学位论文类参考文献。序号 作者. 学位论文题目. 学校和学位论文级别. 答辩年份.

（6）西文文献。著录格式同中文，实词的首字母大写，其余小写。参考文献作者人数较多者只列前三名，中间用逗号分隔，多于3人的后面加“等”字（西文加“etc.”）。

学术会议若出版论文集者，在会议名称后加“论文集”字样；未出版论文集者省去“出版者”、“出版年”项；会议地址与出版地相同的省略“出版地”，会议年份与出版年相同的省略“出版年”。

新疆交通职业技术学院毕业生论文答辩评分标准

论文题目		姓　　名		得分
论文（60%）	论点（10%）	论点正确、新颖		
	论据（20%）	论据充足、有科学性、有说服力		
	论证（20%）	条理清晰、过程严谨、语言流畅		
	文字格式（10%）	文字规整、字数符合要求、文章格式正确		
答辩（40%）	简述（10%）			
	问题1（10%）			
	问题2（10%）			
	问题3（10%）			
总分				

评分人：　　　　　　　　　　　　　　　　　　　　年　　月　　日

毕业论文开题报告

<table>
<tr><td>学生姓名</td><td></td><td>学号</td><td></td><td>专业班级</td><td></td></tr>
<tr><td>毕业论文题目</td><td colspan="5"></td></tr>
<tr><td colspan="6">一、选题意义、内容简介（字数不少于 500 字）</td></tr>
<tr><td colspan="6">二、文献综述（论文撰写过程参考资料及参考内容简述）</td></tr>
<tr><td colspan="6">三、论文结构（大纲）（此页不够可另附页说明）</td></tr>
<tr><td colspan="6">指导教师审定意见：</td></tr>
</table>

	通过	修订	再次审核
结论			

签字：　　　　年　　月　　日

论文指导记录表

学生姓名：　　　　　　　　　班级：　　　　　　　　　指导教师姓名：

指导时间	指导方式	论文修改建议及意见	备注

城市轨道交通机电技术专业学生毕业论文成绩

学　号	姓　名	毕业论文成绩	
		成　绩	等　级

注:90 分及以上为优秀;80 ~ 89 分为良好;60 ~ 79 分为合格;60 分以下为不合格。

附件 1　乌鲁木齐综合交通调研报告范例

乌鲁木齐综合交通调研报告

学校姓名：________________

学　　号：________________

专　　业：________________

年　　级：________________

三号黑体

机电工程学院

××××年××月××日

乌鲁木齐综合交通调研报告

前　　言

一、城市公路交通概述

1.1　定义

1.2　公路交通方式概述

图和表需要加以标注，五号，宋体，加黑，表格为五号字体，宋体，根据美观排版图片为嵌入无文字环绕

……

二、乌鲁木齐城市公共交通概况

2.1　路网

2.2　公共汽车

2.3　城市快速交通

2.4　地铁

2.5　磁悬浮

……

三、国内外典型公共交通(案例)

3.1　国外案例

3.2　国内案例

四、总　　结

致　　谢

……

参考文献

……

[12] 高稚允,高岳. 光电检测技术[M]. 北京:国防工业出版社,1995.

[13] 金篆芷,王明时. 现代传感技术[M]. 北京:电子工业出版社,1995.

[14] 罗志增. 简易红外接近觉传感器[C]. 全国青年第三届机器人学研讨会论文集,1990.

[15] Brian W. Kernighan & Dennis M. Ritchie. The C Programming Language(The second Edition) Prentice-Hall,1988.

……

参考文献需要5个以上

宋体，五号字，必须严格按照该格式。如果是参考网络文章，必须在作者和文章名后标明网站名称，网址和访问日期

附录1　调研报告照片

……

附件 2　毕业论文范例

毕 业 论 文(设 计)

二号黑体，居中

论文题目：单片机运动控制系统设计

可根据字数多少调整

学生姓名：________________

学　　号：________________

指导教师：________________

专　　业：________________

年　　级：________________

三号黑体

机电工程学院

××××年××月××日

单片机运动控制系统设计

小二，黑体，居中
段前段后0.5行

摘要： 本文介绍了利用红外反射式传感器实现小车自动寻迹的设计与实现。本设计中的小车能够自动识别路线……

……

中文摘要用四号楷体
（150~200字）

关键词： 自动寻迹，传感器，单片机，机器人，数据采集

关键词：
3~5个；关键词间用逗号分隔，
最后一个词后不加标点符号

目　　录

二号黑体

小四黑体

1　绪论 ……………………………………………………………………
1.1　机器人的运动控制背景 …………………………………………………
1.2　本设计的应用及意义 ……………………………………………………
1.3　论文主要工作 ……………………………………………………………
2　系统总体方案 ………………………………………………………………
2.1　系统总体规划 ……………………………………………………………
2.2　单片机内部结构及接口描述……………………………………………
2.3　技术指标 …………………………………………………………………
2.4　主要芯片的选型 …………………………………………………………
2.4.1　电机驱动芯片的选型
……
3　硬件设计与实现 ……………………………………………………………
3.1　系统运动控制部分设计 …………………………………………………
3.1.1　电机选型 ………………………………………………………………
3.1.2　L298N 驱动电机 ………………………………………………………
3.2　寻迹模块设计 ……………………………………………………………
3.3　无线电发射接收模块介绍 ………………………………………………
3.4　测温系统设计 ……………………………………………………………
3.5　电源 ………………………………………………………………………
3.5.1　电源的选型 ……………………………………………………………
3.5.2　稳压电路设计 …………………………………………………………
3.5.3　抗干扰设计 ……………………………………………………………
4　测试及其控制程序设计 ……………………………………………………
5　总结与展望 …………………………………………………………………
致谢 ……………………………………………………………………………
参考文献 ………………………………………………………………………
附录1　机器实体照片 …………………………………………………………

毕业设计 论文
内容字体为小四号宋体，字间距设置为标准字间距，行间距设置为1.25倍行距

1 绪　论

近年来,人类的生产和生活方式发生了巨大的变化,产生这一变化的重要原因就是计算技术的飞速发展。第一台计算机诞生至今仅仅几十年的时间,计算机的性能已经大大提高,价格不断下降,从而使之可以迅速而广泛地应用于人类的生产和生活的各个领域。然而机器人的发展无疑得于计算机技术的发展。

……

1.1 机器人的运动控制背景

什么叫机器人?

……

1.2 本设计的应用及意义

本文的设计正是一个本着学习、创新和服务人类的思想的机器人设计。让机器按照自己预定的想法和目的运作,一直是我人生的追求和梦想。我选择自动化专业,正是要加入自动化这个大家庭,吸收文化不断提高自己,不断的走近自己的梦想。

……

1.3 论文主要工作

本论文主要的工作就是通过一个自动寻线小车的软件、硬件和整体结构的设计和实现,……

2 系统总体方案

本章围绕系统的总体设计,介绍系统组成框图、主控机的内部硬件资源及其接口技术、整个机器人系统所用到的其他 IC 的介绍。

毕业设计(论文)页面要求：须用A4(210mm×297mm)标准、70克以上白纸，一律采用单面打印；毕业设计(论文)页边距按以下标准设置：上边距(天头)为25mm；下边距(地脚)25mm；左边距和右边距为20mm；页眉16mm；页脚15mm

2.1 系统总体规划

整个系统的构成是由两部分组成,……

……

2.2 单片机内部结构及接口描述

……

P3 口也接收一些控制信号,如表 2-1 所示。

2-1

口线	特殊功能	信号名称
P3.0	RXD	串行输入口
P3.1	TXD	串行输出口
P3.2	$\overline{\mathrm{INT0}}$	外部中断 0 输入口
P3.3	$\overline{\mathrm{INTI}}$	外部中断 I 输入口
P3.4	T0	定时器 0 外部输入口
P3.5	T1	定时器 1 外部输入口
P3.6	$\overline{\mathrm{WR}}$	写选通输出口
P3.7	$\overline{\mathrm{RD}}$	读选通输出口

……

图和表需要加以标注，五号，宋体，加黑，表格内为五号字体，根据美观排版，图片为嵌入无文字环绕

2.3 技术指标

……

2.4 主要芯片的选型

……

2.4.1 电机驱动芯片的选型

考虑到……

外型如图 2-4 所示。

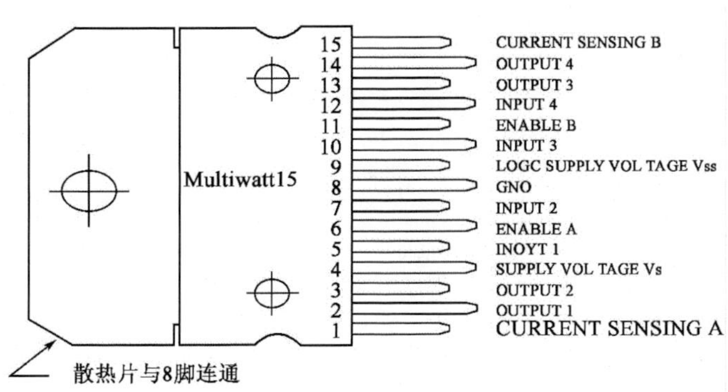

2-4 L298N

2.4.2 温度传感器芯片的选型

考虑到……

2.5 其他芯片的简介

本设计是……

2.5.1 ATMEL 93C46

IC:93C46是储存器件(如图2-6所示),负责储存机器人系统中温度采集系统采集到的温度参数。

……

2.5.2 LCD1602

……

2.5.3 74HC540

……

2.5.4 74HC245

74HC245是8总线收发……

3 硬件设计与实现

本设计的机器人采用废弃的电脑光驱机盒钢板作为整个硬件体系的骨架,……

3.1 系统运动控制部分设计

3.1.1 电机选型

……

3.1.2 L298N驱动电机

……

L298N芯片已在电机驱动芯片的选型一节介绍过,本设计中具体应用电路进行说明,如图3-1所示。

……

3.2 寻迹模块设计

……

3.3 无线电发射接收模块介绍

本设计采用辅助模块,无线电发射模块原理如图3-14所示,就是为了达到远程手动控制的目的，由于无线电的设计涉及的学科知识面比较广，调频比较困难。故此本设计直接应用市场上的成品无线电模块，出于成本的考虑，选用的无线电的有效控制距离是比较短的，但是这个不限制本设计功能的实现，距离的远近用户完全可以根据需要更换模块。

……

……驱动电流约 2mA，与发射器上的四个按键一一对应。

……表 3-1 中 5 个输出引脚 10、11、12、13、VT 的“0”代表低电位 0V，1 代表高电位 5V。

3-1

静态（无操作）	0	0	0	0	GND	0	VCC（+5V）
按压发射键 A	1	0	0	0	GND	1	VCC（+5V）
摇控发射操作	11	12	13	14	GND	VT	VCC
按压发射键 C	0	0	1	0	GND	1	VCC（+5V）
按压发射键 D	0	0	0	1	GND	1	VCC（+5V）

3.4 测温系统设计

本设计采用 LCD1602 作为显示器件，相比数码管显示，显示内容更加丰富、显示方式更为灵活，而且硬件电路得到简化。LCD1602 作为一款非常经典的液晶显示模块，具有良好的性价比，完全符合和满足本设计的要求。

……

3.5 电源

3.5.1 电源的选型

由于本系统需要电池供电，我们考虑了如下几种方案为系统供电。

……

3.5.2 稳压电路设计

……

3.5.3 抗干扰设计

由于此单片机控制的运动系统，工作在各种恶劣的环境中，所以抗干扰处理是必不可少的。

……

4 测试及其控制程序设计

……

5 总结与展望

……

致　谢

自从接触单片机,到现在能够用以单片机为控制核心设计毕业设计——单片机运动控制系统。这是一个学习的过程……

……

参考文献

……

[12] 高稚允,高岳.光电检测技术[M].北京:国防工业出版社,1990.

[13] 金篆芷,王明时.现代传感技术[M].北京:电子工业出版社,1995.

[14] 罗志增.简易红外接近觉传感器[C].全国青年第三届机器人学研讨文集,1990.

[15] Brian W Kernighan & Dennis M. Ritchie. The C Programming Language(The second Edition). Prentice-Hare.

……

宋体，五号字，必须严格按照该格式。如果是参考网络文章，必须在作者和文章名后标明网站名称，网址和访问日期

附录1　机器实体照片

……